創見文化，智慧的銳眼
www.book4u.com.tw　　www.silkbook.com

那些年一直錯✕用的
SWOT 分析

用SWOT找對方向，
找出**最有利**的**競爭對策**

獨創「JC SWOT」分析法，
一舉突破舊版的分析障礙！

The
SWOT
Analysis

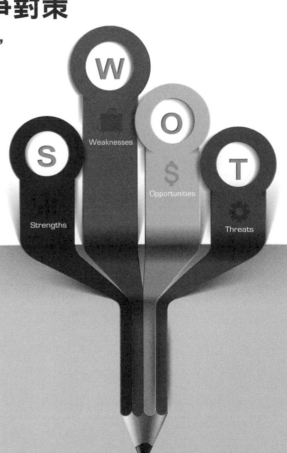

兩岸知名專業行銷顧問
朱成 著

等一個人・等一本書

> *It doesn't matter whether the cat is black or white, as long as it catches mice.*
>
> ～美國時代雜誌英譯 1978、1985 年度風雲人物**鄧小平**傳世名言

　　朱成，他是縱橫兩岸數十年的專業行銷經理人，是兩岸三地第一位講授「產品經理」的知名企業培訓講師，也是台灣政治大學 MBA 訓練出來實戰豐富、戰功彪炳的大將。他的書洛陽紙貴且大多上市不久就絕版，愛其書者只能在二手書店、網拍網站努力尋找一番，卻往往徒呼負負。

👍 這是飢餓行銷的手法嗎？

　　約莫十年前，我還是交通大學經營管理所博士班學生，剛師事 Frank M. Bass 的傳人唐瓔璋教授，開始優游在研究行銷管理是科學或藝術的世界，案頭常放的書就是朱成顧問的第一本著作：《產品經理聖經》。每每深夜細讀原文教科書，又會拿起朱成顧問的著作參照一番，反覆咀嚼，會心一笑。

　　十年前，我是學生，朱成是我素未謀面的經師。默默地，我心底定

位了這樣一位實戰「大師級」的存在，透過他的書讓我進入他的世界，他的思想。

我一直等著他的書問世，倒是比我想像中的快。2008 年出兩本：《產品經理必備的 10 大核心技能》、《行銷趨勢——台灣第一國際品牌企業誌》；2009 年再出一本：《一毛不花，成為 Google、Yahoo！搜尋雙冠王》，我都有買，那些是我在網路得標的戰果。但是，總有錯過的時候，而沒有擁有的，凡人總是會放大遺憾。朱成最近的一本著作是 2011 年出版的《行銷人必備的最後 1 本書》，我就一直買不到。

事實上，我也一直等著它再版，直到有一天我忍不住寫了一封電子郵件給他，抱怨實體和虛擬通路都買不到，就這樣，他回寄了那本書給我。

十年後，我是位在醫學院教科普經管知識的通識課老師，朱成則是我魚雁往返且能惺惺相惜的筆友。

既然是行銷人必備的「最後」1 本書，我以為是他的封刀之作，直到 2014 年秋天，終於又聽聞他的新書即將出版了，而我有幸成了他第一手資料的拜讀者。

👍 等一本好書就像等生命中的一個貴人

但是什麼，有沒有搞錯，SWOT 也可以寫一本書！印象裡如作者朱成在本書第一章所說：一般經理人只要看看自己有哪些優缺點（問問自己就好），再看看新聞報導有哪些事發生（各種事）就能得出外面有哪些機會和威脅。然而並不是這樣子的，我讀完了全本書，甚至福至心靈地極具貼切幫他想了另一個書名：「那些年我們都愛用的 SWOT 分析：

商場、球場、情場啟示錄。」

👍 JC SWOT（傑希 %$# 西米碗克？？）

這本書是依據作者在傑希行銷顧問公司多年的實戰經驗，對策略制定中，多年來被大家常用、愛用的 SWOT 方法，提出了許多有實用價值又有趣的新解與案例。本書作者以他一貫暢達的筆觸，設計出與眾不同且富創意的 SWOT 矩陣，在各章中，讀者們會發現，他有看見別人看不見的看見，知道我們所以為知道的知道。書中作者不斷藉助商場、球場、情場的實際問題來磨練讀者自我提升策略思考的能力。這些通常只出現在商管學院 MBA 教育中，且須使用大量個案研究教學，才能操練學生策略思考的實作能力。基於同樣的思維，相信朱大師一個個活生生管理個案的硬道理躍然紙上，使我們瀏覽他生命中精采的知性與感性歷歷在目，如果我們都能好好利用這本書，也能提升自身管理知能，達成自我訓練、由技入道的效果。

👍 SWOT or TOWS, this is a question!

JC SWOT 一言以蔽之，如書中第二章所言，找出與自己（A）勢均力敵的對手（B），用貝氏條件機率的數學概念，您會更清楚作者想表達的意象，也就是說，SWOT 分析應轉化成分析 S A|TB、W A|OB、O A|WB、T A|SB，讀者可以留意一下，第一章 JC SWOT 和管理文獻中 TOWS 分析法也被稱為倒 SWOT 分析法的異同之處，TOWS 分析法其順序與 SWOT 分析法恰好相反，首先是分析市場的機會和危險，再分析企業的優勢和劣勢，或進而進行 SO、WO、ST、WT 配對

分析。但是 TO 又從哪裡來呢？傳統的 TOWS 依然隱晦不清，而「JC SWOT」告訴你，切換一個視角，不再水仙般只看著自己的 SW，能夠有懂賽局般的腦袋迴圈，S A|TB、W A|OB、O A|WB、T A|SB，讓你聚焦在對照當時真正敵手的表現，你就更能想清楚當下策略。

👍 有一個人等一個夢

　　前幾天，走在到馬偕醫院的巷子裡，偶然地看到一個十幾歲的小姐姐，拿著小剪刀，對著二、三歲的妹妹說：「要不要漂亮！」妹妹說：「好！」，多完全的信任。姊姊叫她乖乖坐好，伸手把她的睫毛慢慢剪去，邊告訴她：「你以後會很漂亮喔，比姐姐漂亮，會有長長的睫毛，美美的電眼。」當我回過神，頃刻間，我看見一個很是嚇人的沒有睫毛的娃。突然，一旁又冒出其他幾個五、六歲的小姐姐經過，大笑著:哈哈，沒有睫毛，瞇瞇眼沒有睫毛……二、三歲的妹妹轉身小跑步著，口中唸唸有詞，仔細一聽，原來是說：「我會長大！」。面對童顏童語，即使最近我一直醉心於 JC SWOT 的內容，想像 SWOT 問世許多年，其實也就像這個小女孩，她真的會長大，每個理論也都會成長，小女孩帶著期待作夢，經過她姊姊神來一刀，渴望是有一天會蛻變成長長的睫毛，美美的電眼大美女。想想，SWOT 經過了朱成的神來一筆，經過多年後，您是否也會看見它的美麗？

張順全 博士

（本文作者服務於馬偕醫學院全人教育中心）

　　早在 2001 年 7 月這本書的原始創見 JC SWOT 就曾以投稿文章的方式在《突破雜誌》上發表。之後在我陸續出版（讀者可參考作者介紹部分）的幾本書中，也一直保留這部分為書中內容。但時隔多年，為何我還想寫這主題而且還是把這 JC SWOT 觀念當成專書來寫，是有幾個原因的。

　　首先，JC SWOT 的確是筆者所獨創。而且當年創作時還特地找我研究所的指導教授司徒達賢博士審閱一番。難得得到他的小小稱讚，但對我個人可是大大鼓勵。之後我就把這觀念放到我給企業講課以及著作當中成為我的「競爭優勢」。

　　其次，我在兩岸做培訓多年，教材裡也借鑑許多大師的見解，但每當我講到 SWOT 的應用這段，無例外地獲得兩岸一致的讚許。並不是他們沒聽過 SWOT 的介紹，相反的他們都知道、都看過也聽過，但唯獨筆者的看法是他們前所未聞且確實讓他們豁然開朗的。而每當要學員們做課程評鑑與意見回饋時，SWOT 幾乎都是最受他們激賞的單元。於是我知道，只要講完 SWOT 這段我就高枕無憂了。

　　第三個促使我寫這本書的動機，則是這一年來的感觸。我在過去這一年曾到大陸的陸資企業做一項目，並分別幫大陸的一家美商公司主管、深圳一家台商的市場營銷與研發單位以及台灣的台日合資企業，分別做了幾次培訓。樣本巧的很，多樣性很夠；人數不少，幾百號人少不了。而我又會在課堂上問他們對 SWOT 的了解程度，答案跟我過去十

多年在兩岸所接觸的完全一樣：都知道什麼是 SWOT，連解釋都一樣，但追問之下往往就是無法理出頭緒。

講白了，大家都知道何謂 SWOT，但大家都不會用！

我想我也有責任，就是先前出的書還不夠暢銷，以致於還有許多人沒聽過、沒看過我的 JC SWOT。為了不要再讓廣大讀者失之交臂，也不要再讓大家一知半解、錯誤地引用到他們所寫的任何報告計畫中，我想我該寫本專書來重新讓讀者知道還有一樣好東西應該與大家分享。

除此之外，雖然 SWOT 的觀念是在商管領域被提到，但其他領域像是運動賽事，我也常拿 SWOT 觀念來看對戰的兩隊如何打一場球賽。身為 NBA 球迷，每當我觀賞 NBA 比賽時一定會想想為何教練要這樣調度、為何他這時要喊暫停。我也會看球員的發揮，看看一旦對手換人時球員是如何回應。因此我把 NBA 也當作 JC SWOT 可發揮應用的領域來探討一番。至於其他球賽讀者當可以此類推。

從企業到運動，其實人生不也跟運動比賽、跟企業競爭一樣在做一大堆的比較嗎？從小就開始比成績還一直比到大學、比到研究所。找工作也是跟別人比，總要先勝過一些角逐者才有機會進入某家企業啊！但就算進去了，比賽還沒停，還要跟同事不斷地比績效。

事業如是，婚姻大事也如是。交往雙方彼此都會互有潛在或是當下的競爭者，所以雙方也是在婚姻市場中被不斷地比來比去。且雙方也難免在互比，看對方是否配得上自己。在中國社會，除當事人外還會加上另外的評審委員，也就是雙方家長，他們也要看其是否配得上他們的子女。「家有敝帚，享之千金」的道理一覽無疑。

人的一生起碼有三關是多數人共同的經歷：求學、就業與婚姻。這

三關也是不斷接受挑戰與回應，看每個人如何用他的優劣勢來面對他的機會與威脅。也許看過 JC SWOT 的分析與本書觀點後，讀者對人生的想法或有啟發呢。

　　本書的完成特地要感謝我的一位粉絲，張順全博士。他從旁觀察我十年（想到這還頗有驚心動魄之感），從我最早出的《產品經理聖經》到現在的著作，他都一一收藏。和張教授的互動來自於幾年前他給我的電郵，我們互有往返，才知道有這位粉絲存在。但我在寫這本書之前卻從未和他謀面，也不知道他的背景，只知道有位熱心的粉絲在關注我。於是在動筆前，我就想聽聽老讀者對我想寫這本書的看法。這一問之下就引發了我們熱烈的互動（更想不到他還是我師大附中六五三班的學弟呢），也得其幫忙給我許多補註與意見，最後我還央請他幫我寫篇推薦序。在此特地謝過。

朱 成

與 作 者 有 約

買了本書的讀者，如果對本書的觀念頗有所感又想親自跟我討論一下 JC SWOT，你可寫 email 給我，不論是個人或團體、企業，我可以到你們公司或是做 One-on-One 的閒聊，但只限前 10 位。你會問要不要付錢？那請看：

1. **演講費**：到貴公司小型演講（1 小時內）或是 One-on-One 聊天，都不收演講費。
2. **交通費**：如果在台北市內，則不必付我交通費。（其他地方就要按實際路程支付囉。）
3. **場地飲料費**：公司邀請的話當然公司會負責，這沒問題。若是個人，那約個地方我們各付各的咖啡飲料錢。
4. **時間**：等我收到你們的 email 後再跟你們約互相方便的時間。
5. **我的 email**：jesse.jcpm@msa.hinet.net

目錄 CONTENTS

Chapter ① 越看越困惑的 SWOT

Chapter ② 頓悟——JC SWOT 分析法

Chapter ③ 試劍——臺灣登琪爾SPA逆轉勝之關鍵

Chapter ④ 封刀之作——新品牌該怎麼用JC SWOT？

Chapter ⑤ 磨劍——舊產品面臨新機會該怎麼用

Chapter ⑥ NBA 要這麼看

Chapter ⑦ 人生關口與 JC SWOT

Chapter **1**

越看越困惑的
SWOT

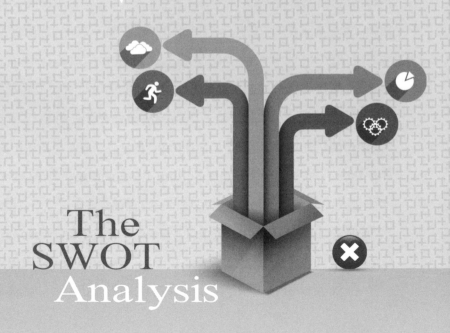

The
SWOT
Analysis

追本溯源為何談 SWOT

兩岸理論與實務界的交點

　　我從事顧問、講師（兼作家）這一行有十多年了。在這之前，因為做行銷工作多年而且也很早就到大陸打工，接觸的圈子也是以行銷跟銷售的人脈居多，所以對行銷（大陸叫營銷）從業人員所常用的觀念、術語、知識跟所謂的流派還頗知一二。譬如我剛就業階段常看到幾個名詞被兩岸從事行銷工作的，不論是台灣人、大陸人，美商、歐商或台商、日商等，拿來應用在工作上所寫的計畫裡，這些計畫涵蓋年度計畫、產品上市（包括老產品與新產品）、各種促銷計畫，也看過許多 4A 廣告公司的提案，如創意提案、媒體計畫或是促銷、公關活動等。這麼多人寫的這麼多文字堆裡，以英文做縮寫簡稱而常被借用的，有 OB（Original Budget）、SP（Strategic Plan）、PL（Profit & Loss）；有 Big Idea、有 USP（Unique Selling Proposition）以及後來一統江山的字眼出現：Positioning（更完整的名詞應該是 STP）。比較有點歷史的名詞像是 PLC（Product Life Cycle）、4P、BCG（Boston Consulting Group）、GE Model、Ansoff Matrix、Brand Map 以及 SWOT 等等。

　　在我讀研究所那個年代，策略理論開始盛行，哈佛教授 Michael

Porter 所寫的兩本暢銷教科書：《競爭策略》與《競爭優勢》，起碼在台灣是 MBA 課程的必讀教科書，其中幾個觀念與術語在 MBA 畢業生圈子中個個是如數家珍，就連那時的美商公司主管也常拿來做他們自己的簡報應用，讀者當可立即回憶你都聽過、用過、且到如今還持續引用的：Value Chain（Value Activities）、Five Forces Analysis 跟 Generic Strategies（Cost Leadership、Product Differentiation & Focus）。

　　行銷學界排行第一的教科書就屬 Philip Kotler 教授的大作了（為了亞洲的實用性考量，Kotler 還和幾位新加坡大學教授出了個亞洲版。）。在他持續更新的行銷教科書裡，上述這些理論觀念、模型，都被他搜羅在其教科書中，因此凡是用過他的各種版本者，想必都看過這些。至於記得多少、實際應用又有多少，當看個人日後的發展而定。

　　除上述記憶所及（我就不翻箱倒櫃找其出處了），近幾年學術界與實務界的顧問、作家們所提的新觀念依然眾家林立。但個人印象裡，常被實務界拿來引用的，我立刻想到三個：**Brand Management**（它其實不是單一觀念，而是跟這觀念相雷同的文章、商業書籍與教科書的專章內容，尤其在近幾年被其他教授大力鼓吹於其教科書中，而與此相關的商業叢書或是講述品牌塑造或是講述品牌價值或是描寫某企業品牌發跡的歷史等等不一而足，故在此通稱為「**品牌管理**」）、**Disruptive Innovation** 與 **KPI** 了。尤其是 KPI，盛行的程度讓上班族們個個惶惶不可終日。只不過 KPI 不算是一個理論架構，只能說是一個管理工具。當然啦，這只是個人意見。而提出「**破壞式創新**」（Disruptive Innovation）構想的哈佛教授 Christenson 還被邀請來台灣講述其創作精華兩次呢。

筆者當初在設計第一份教材、想設定誰是我的目標顧客時，唯一的念頭就是講行銷課程，且主題毫不猶豫地定為「**產品經理聖經**」。產品經理範圍極廣，內容涵蓋理論與實務，且我的教材設計也多以實務應用為主，因為不如此不足以吸引學員的眼球與信心。

回憶上述這些理論背景出處，說明筆者當然也是這群學子之一。既然天下文章一大抄，且在實務上也的確會用到上述這些觀念名詞，不可避免地，我也套用幾個理論作為教材講述重點。但其中有一個，且只有一個，是筆者剛踏入業界就被各家理論、各大小老闆以及在許多工作前輩的計畫堆裡給磨出來的一個獨創觀念，那就是本書主題：**SWOT 分析法**。

在我從事講師工作之初，經驗還不夠，所以，每次上課總會問問學員對我準備的內容有哪些事先了解過，不論是學校讀的或是工作中學到的。因前兩年只在台灣講課，故樣本只限台灣，但答案很快就出來了，那就是 SWOT。

從 2002 年開始，我開始在大陸推廣我的課程，第一家客戶是當時從聯想集團分出來的神州數碼，他們會找到我去講產品經理是看到我的網站介紹，看我實際做過產品經理、在兩岸也只有我講這個主題、且在台灣還剛剛幫幾家企業上過這課程，其中包括花旗銀行，於是就輾轉找到我邀我去北京上課。這就開啟了我往返兩岸當顧問、講師兼作家的歷程。也就有了後面中國大企業如李寧體育用品、深圳天音通信、拉芳集團、建設銀行、中信銀行、伊利乳業、九陽及其他企業做內訓或是公開課的講師生涯。足跡遊走北京、上海、深圳、廣州、成都、昆明，就只專門推廣我的「產品經理」。（我常戲稱，中國大陸這幾年產品經理制

度的起步，本人的功勞應該被記上一筆。）同樣的，我也一定會有案例討論與 WorkShop，也一定會問並聽取以及查看他們的討論問題及內容，而其中很有趣的是，不論行業、企業、在哪個城市，**大家最熟悉**且說的也都大同小異的唯一觀念竟也是 SWOT。

 重回校園

在 2007 年，很榮幸有機會去台灣東吳大學兼課，共教了七個學期企管系大四下學期選修的「國際行銷」與四個學期大二必修的「行銷管理」。其中國際行銷因為是大四最後一學期的課，會選修的學生想必對日後生涯已有個基本方向且各學門的書也都讀得差不多了，故上起課來或是要做期末報告總是會有點深度。

每學期的期末報告都請同學們自己分組，各組選一家企業（不限國籍、不限產業）做他們國際行銷的案例主角。一些知名企業如蘋果公司（當時還叫蘋果電腦，還每學期都有同學選）、Adobe、Panasonic、微軟、SONY、羅技電子等都是入選企業。因為他們剛修過必修的策略管理，也都修過行銷管理，所以報告內容自然都會出現剛才我所引經據典的那些觀念學說。有趣的是，常被準畢業生們引用的一個分析方法，不是策略管理的五力分析，也不是 Generic Strategies，而是：SWOT。

 都是共同點

以上所述這三大情境不禁引起我好奇，為何這麼多行銷以及策略觀

念，偏偏是 SWOT 中選？是觀念最容易理解？是最好用（對學生）或是最實用（對企業界）？總不會是英文最好記吧？對這問題我自然也徵詢過這些學員以及學生們，而多數的回答確實是「好用」，因為只要看看自己有哪些**優缺點**（問問自己就好），再看看新聞報導有哪些事發生（各種事）就得出外面有哪些**機會和威脅**，然後把圖一畫就 OK 了。但每當我看到有人舉這個分析做他們公司或是討論案例中企業的例子時，我通常只要追問其內容中一個問題，就讓他們不知所以了。以下舉幾個常見卻過於籠統的 SWOT 陳述（讀者也不妨自我問答一下）：

品牌是優勢

問：那表示其他對手都沒有品牌優勢了？

產品是優勢

問：其他對手產品都不好嗎？

企業文化是優勢

問：怎麼證明別家企業沒有好的企業文化呢？還有，如果這是優勢，你們要怎麼利用這項優勢？萬一有人離職，那優勢還剩多少？

經營團隊是優勢

問：（同樣的）怎麼證明別家企業都沒人才？人才都在你們公司上班？你們公司有多少人啊？

資源不夠是劣勢

問：有多少才夠？不同規模或是起步不等的企業到底要多少資源才夠？你們認為新公司會有足夠的資源嗎？再說，你們猜其他對手企業的資源就夠嗎？

消費者購買力上升是機會（下降就是威脅）

問：消費者有錢買東西是好事。請問他們只向你們買嗎？如何保證
　　他們不會在有錢之後反而去買競爭對手的產品？

　　（當大陸企業舉「家電下鄉」政策是個新機會時，上述的質疑
　　同樣適用。）

金融危機引起全球不景氣是威脅

問：既然是全球普遍的威脅表示大家都躲不掉，請問有什麼好特別
　　擔心的？反正要死大家一起死。再說了，對這項威脅有何對
　　策？你們再猜，別的企業又會有何對策？

　　大家所舉的優劣勢與機會威脅大體都差不多，但寫出來是一回事，
真正理解且又會實際應用那又是另一回事。巧的很，這些情況兩岸的同
胞們基本也一樣。（當然，也會遇到一些學員對於我問他們的問題很有
自己的想法而且還說得很好，但這情況實在少得可以。）

 情況依舊

　　事隔多年，這幾年做顧問的時間多，上課的機會相對就少很多。而
這大半年來做過三家企業的內訓，一家是位於上海的美商，做澱粉與代
用糖 B2B 的企業；一家是深圳的台資家電業，還有一家是台灣中日合
資的飲料食品業。這三家企業參加內訓的都是台灣與大陸同胞，分別在
兩岸求學，還有幾位出洋過。就公司背景，涵蓋台灣、大陸、日本與美
國企業的影子。讀者們猜猜看這三家企業對哪個觀點最熟悉？想必你們
也猜得到，又是 SWOT。那對 SWOT 的見解程度呢？同樣是很一般。

　　上面所述還只是企業內訓的經歷。我上過各種公私機構、營利與非營利團體還有校園的培訓跟演講，學員的背景就更多元了，但也逃不掉上述我發現的交集點，那就是：SWOT 是大家記得英文單字最清楚、基本意義的了解最沒問題、連畫個簡圖都是一樣的分析架構，但是：不會用！

SWOT 為何最常被提到

　　十幾年的經驗而得到這樣巧合的事背後一定有道理。我也做過簡單的「客戶訪談」，想知道為何會有這樣的情形發生？我整理出幾個解釋：

✓ SWOT：最好理解也容易用

　　回答最多的真的就是 SWOT 觀念最容易理解也真的很容易做。就跟問問自己有何優缺點一樣，這有何難？看看外部環境有何機會跟威脅，不就是看看新聞報導、聽聽同事朋友聊什麼、客戶有什麼動態或是生意怎麼樣（客戶很少說好做的，然後他們就跟你訴苦說生意有多難做、市場多不好、景氣有多差！但奇怪的是他們還能又買房又買車！）。而每當公司要行銷或銷售人員做些市場報告時，大家就立刻想到 SWOT圖，簡單一畫就能交差，主管或是老闆也都看得懂，大家皆大歡喜。寫完又覺得自己很有學問，還會用英文。

✓ PLC：體驗不全、理解不透，就不會應用

　　PLC 是產品生命週期。但這要會應用多半會遇到兩個問題：一，沒

經歷過四個週期都遇上過的產品生命實例，所以不能參透 PLC 的涵義。

二，即便了解，但要說拿到工作上應用，不知要做什麼用途？

✅ BCG 模型（以及產品成長矩陣）：不是真正理解，用的機會也不多

　　這大概只有讀過行銷的本科生才會知道這概念。即便讀過，往往日後沒機會用，概念也忘得差不多了，連兩個軸是什麼也記不清楚，能依稀記得有個牛的圖樣就很不錯了。

✅ 五力分析：太難

　　要把五力分析理解透，對 MBA 學生都是高難度的，那自然更不能對大四學生也做這個要求。而企業界裡 MBA 畢業生的比例畢竟還是少數，而它的複雜度往往也超過剛進入企業學習階段所涉獵的內容，以致在實際工作上，其實企業還真不怎麼需要從業人員提什麼五力分析。即使要用，畫個簡單圖表大致解釋一下就好，輕輕帶過大家也都沒提出問題（其實是也不知該問什麼），還怕有人認為你在賣弄學問，所以也就很少有人用這模型了。

✅ 價值鏈：不懂居多

　　價值鏈的概念跟五力分析是同層次的，在實務上很少人想過它有何

用途。我曾參加過我客戶的一場會議，有位同事提出想跟外面某企業作策略聯盟，總經理一聽就打斷他：「我們為何需要跟別人聯盟？」簡報者一下子答不出來，我就多嘴說一句：「報告總經理，把它看成是價值鏈的延伸與擴張。」總經理立刻說：「喔，對喔。可以試試。」所以企業界很少人會拿它做報告。（但供應鏈的觀念與應用就普遍多了。道理其實一樣。）

✅ Generic Strategies：這不關我的事

我個人倒是很推崇「**根本策略**」（**Generic Strategies**）的應用，其實企業界人士個個琅琅上口，他們最常講的名詞就是「差異化」。他們也許不知道差異化出自哪裡，但在行銷上就知道每件事都應該差異化，產品自不必說，溝通與創意更是要求差異化。但矛盾的是，**嘴上說的是一回事，實際做的卻不是。**

iPhone 出個金色外殼，不知誰提個「土豪金」的詞，你就看到多少大陸廠商推出的產品中都有個土豪金系列（廚房小家電最多）。一部「來自星星的你」韓劇播出，多少文案抄個不亦樂乎！「爸爸去哪兒？」還沒播完，就有廠商編出他們新年度的主題，一句話：「媽媽，今天吃啥？」還有一家企業把原來的品牌改為「老爸」牌。這就是差異化嗎？

「根本策略」大家都誤以為是屬於高階層次，這是企業策略的範疇，自不是品牌行銷人所能做主的。其實不然。但這裡不做深入討論，讓讀者自行體會。可一旦有這個心態，做事的人就避而不用，於是看到的是**口頭說差異化，實際做的卻是山寨化。**

 你如何看待本書？

前面所寫的還只算是引言部分，因此先說說本人看法再讓讀者決定是否繼續看下去或是抱持怎樣的心態來看這本書。

 企業界不是非用 SWOT 分析不可

對企業人士而言，並不是每次寫報告、不論報告的性質、也不管企業哪個部門，都一定要用上 SWOT 分析法。我個人就不常用這個方法。但我要說的重點是：一旦用了就要**會用、用對、用好**才行。筆者看了很多我的同事、客戶（不說學生了）寫的報告，只要出現 SWOT 分析，我一定特別認真聽並一定會提出問題，遺憾的是，用者多多，懂者少少。這就是為何事隔多年，我把當初曾發表過的文章再拿出來重新寫過的最重要原因。**要真懂，才有意義。**

存乎一心而已

我想最少也有超過三千位企業人士上過我的課，而我最常說的冷笑話就是：看看小說《笑傲江湖》裡令狐沖跟武當道長過手的那段。令狐

沖手裡沒劍，只隨便拿根樹枝；令狐沖也沒比出什麼招式，但武當道長就自己認輸了。

在我過去出版的幾本書以及我開講的第一課「策略管理」中，「隆中對」是我最愛舉的歷史故事來解釋**策略原來是多簡潔的邏輯思考**，是根本不用寫幾十頁就能說清楚一家企業或是一個品牌想怎麼做的根本藍圖。但是幾十頁好寫，一頁難求！就連我自己都還在不斷鍛鍊將客戶的策略計畫先用一頁給寫好。（講實話，真不簡單。）

✔ **SWOT 的應用普遍存在**

本書雖說是寫 SWOT 的最適解，乍看之下好像只適合企業界人士。但筆者卻給各種需求的讀者以不同的角度來看這個世界上還有其他哪些事也可用 SWOT 觀念來解讀，不論是個人的體育興趣（如看美國以及其他國家的職業運動賽事），或是生涯規劃，以及追求異性朋友甚至人的一生（題目有點大），都可從 SWOT 的角度讓你更認識清楚現況。

企業管理的大家眾多，足以深思的觀念、架構、模型多不勝數。但重點還是那句：**在精不在多**。只要熟用幾個，在商場上、工作上也就夠用了。等你徹底了解一個觀念模型後，再看其他大師的作品，你就會有一種感覺：你已經站在巨人的肩膀上了。

04 教科書是這樣說的

SWOT 的源起

SWOT 這個名詞的緣起已經不可考,但「SWOT 分析」(SWOT Analysis)則是由學者 Learned 等人於 1969 年所描述,並發展成在面對複雜的策略情勢下用來減少資訊數量以改善決策的一項重要工具(註 1)。半世紀來,SWOT 廣被實務界及學者所應用,也經常被商管學院行銷與策略學子拿來運用並廣受歡迎。SWOT 也是公認為最受重視、也最為普及的一項策略工具。**最簡單也最重要的原因就是它簡化了許多複雜的資訊**,先從自我(企業本身)出發思考有何優勢、劣勢;再從外部環境來看有何機會與威脅。這四點,就可以輕易畫出一個 2×2 方格的矩陣,讓人一目了然(見圖表 1-1)。學者也指出,SWOT 比起任何其他策略分析工具都要更常被應用,也就難怪兩岸人士對 SWOT 是如此的熟悉了。

優勢 Strength	劣勢 Weakness
機會 Opportunity	威脅 Threat

圖表 1-1:SWOT 分析基本型

廣泛應用、歷久不衰

筆者當年是在念商學院時接觸到 SWOT 的，一晃快三十年了，為想得知這些年下來到底有多受學者歡迎廣為引用，於是我就先從我住家附近的社區圖書館找起，隨便從商管學的幾個領域抽取幾本教科書看看有沒有介紹 SWOT 分析法。

我分別從英文與中文教科書中抽樣，看看都在哪些領域有提到 SWOT。（社區圖書館藏書有限，雖然不算豐富但也有許多英文書，值得肯定。）簡單搜尋的結果以出版時間先後整理在圖表 1-2（註 2 ～ 10）：

書名	初版年
《Total Quality Management》	1998
《SUCCESSFUL DIRECT MARKETING METHODS》	2001
《現代管理學》	2002
《Project Management》	2002
《Budgeting for Managers》	2003
《Product Lifecycle Management》	2006
《PMR 企業人力再造實戰兵法》	2010
《行銷學：宏觀全球市場》	2012
《管理學》	2013

圖表 1-2：SWOT 中英文文獻簡搜

這九本中英文書籍，有基本的管理學、行銷學（包括產品生命週期管理、直效行銷）、專案管理、人力資源、預算以及全面品管等方方面面的主題領域，但通通可以用到 SWOT。在這些著作中，唯一跟其他作

者有差異的一點是在《行銷學：宏觀全球市場》一書裡面作者有提到一句話：『**要找到比較對象**』。一看到這句話頗覺詫異，難道此書作者也跟我想的一樣嗎？待我往下繼續看，還是傳統的 SWOT 矩陣，只是稍微改良就是，如圖表 1-3（同**註** 9）：

至於他們討論 SWOT 的內容，將於下文一併提出。

	強勢（列出所有強勢點）	弱勢（列出所有弱勢點）
機會（列出所有機會）	SO 策略	WO 策略
威脅（列出所有威脅）	ST 策略	WT 策略

圖表 1-3：SWOT 矩陣

05 網路搜尋到的 SWOT

　　網路是現在蒐集最多資訊、最多人搜尋、也非常多的人士引用資料的來源。而沒在學校接觸過 SWOT 工具的人士，那最有機會想了解這方法的想必會先從網路搜尋所要的資訊。於是我也上網搜尋，看看排名前面幾個項目都是怎麼介紹 SWOT 的。（在此一併把上文教科書裡的介紹在此合併提出）

✅ Google 搜尋

　　在 Google 排名第一的是「MBA lib 智庫百科」（註11），重點摘錄如下：

❶ SWOT 模型含義介紹

　　優劣勢分析主要是著眼於企業自身的實力及其與競爭對手的比較，而機會和威脅分析將注意力放在外部環境的變化及對企業的可能影響上。在分析時，應把所有的內部因素（即優劣勢）集中在一起，然後用外部的力量來對這些因素進行評估。

　　這就是傳統 SWOT 的說法及應用。

② SWOT 分析模型的方法

企業高層管理人員應在確定內外部各種變數的基礎上，採用槓桿效應、抑制性、脆弱性和問題性四個基本概念進行這一模型的分析。

★ 槓桿效應（優勢＋機會）

槓桿效應產生於內部優勢與外部機會相互一致和適應時。在這種情形下，企業可以用自身內部優勢撬起外部機會，使機會與優勢充分結合發揮出來。然而，機會往往是稍瞬即逝的，因此企業必須敏銳地捕捉機會，把握時機，以尋求更大的發展。

★ 抑制性（劣勢＋機會）

抑制性意味著妨礙、阻止、影響與控制。當環境提供的機會與企業內部資源優勢不相適合，或者不能相互重疊時，企業的優勢再大也將得不到發揮。在這種情形下，企業就需要提供和追加某種資源，以促進內部資源劣勢向優勢方面轉化，從而迎合或適應外部機會。

★ 脆弱性（優勢＋威脅）

脆弱性意味著優勢的程度或強度的降低、減少。當環境狀況對公司優勢構成威脅時，優勢得不到充分發揮，出現優勢不優的脆弱局面。在這種情形下，企業必須克服威脅，以發揮優勢。

★ 問題性（劣勢＋威脅）

當企業內部劣勢與企業外部威脅相遇時，企業就面臨著嚴峻挑戰，如果處理不當，可能直接威脅到企業的生死存亡。

上面這段文字，即是將 SWOT 分析講得更具體點，然而四個字就

夠了：「**因勢利導**」（跟蘇東坡所譏：「十三個字只說得一人騎馬樓前過。」不是一樣道理嗎？）

❸ SWOT 分析步驟

根據企業資源組合情況，確認企業的關鍵能力和關鍵限制。於是可得出下圖（在此暫稱為「SWOT 分析通用格式」，圖表 1-4。）

潛在資源優勢	潛在資源弱點	公司潛在機會	外部潛在威脅

圖表 1-4：SWOT 分析通用格式

依據上圖，原文說，讀者可得出一個「SWOT 分析圖上定位」，如下圖 1-5：

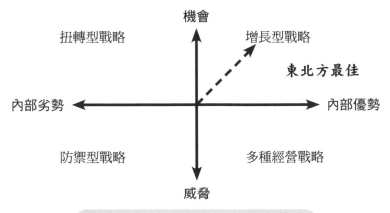

圖表 1-5：SWOT 分析圖上定位

如圖所示，讀者就能清晰看出有四個策略方向：增長型戰略、扭轉型戰略、防禦型戰略與多種經營戰略，且最佳的方向就是增長型戰略──以內部優勢來利用機會，繼而取得成長。（筆者的解讀。但結果不就是按圖再說明，以優勢來利用機會嗎？說跟不說有何差別？且誰會看到此圖後不選擇東北角的方向？）

原文又繼續介紹：

用 SWOT 分析表，將剛才的優勢和劣勢按機會和威脅分別填入表格。（圖表 1-6：SWOT 分析表）

內部因素

	優勢	劣勢	
外部因素	2. 利用這些	3. 改進這些	機會
	4. 監視這些	1. 消除這些	威脅

圖表 1-6：SWOT 分析表

圖文原意應該是：

利用優勢、改進劣勢以增加或適應機會。對威脅，則須加以監視進而消除（以減少劣勢或是反之轉成優勢。）

又是按圖解文，還是沒點出具體該怎麼做！

4 案例分析

　　網路文章繼續舉了一個例子做分析，並以圖表說明，我把文字刪去只保留圖形結構來客觀評論（圖表 1-7）：

內部能力 外部因素	優勢（Strength）	劣勢（Weakness）
機會（Opportunities）	SO	WO
威脅（Threats）	ST	WT

圖表 1-7 ：SWOT 實例應用

　　圖表 1-7 與 1-3 基本是一樣的，只是延續先前的圖文說明再說一次 SO、ST、WO 及 WT 應該一起結合思考。

　　不看內容，只看架構，就可體會出它建議在實際應用時需要：利用自身的優勢來結合機會（SO）或是應對威脅（ST）。但同樣的，WO 也是以自己的劣勢來面對機會與威脅（WT）。也就是說，S 與 W 在面對 O 與 T 時，思考邏輯與心態準備都是順理成章的。

百度搜尋

緊接著，我又去中國的百度網搜尋看看排行在前面的又是怎麼介紹
SWOT。從前面三個排名說明中，與上段在 Google 所搜尋到的可說基
本相同。百度也就多了幾個圖形演示，但本質上還是以圖表 1-1 的通用
格式做為基礎（註 12）。

關於 SWOT 的幾個困惑

　　從教科書與網路的爬梳可得知，許多作者都認同 SWOT 是個很好的分析工具，不論是對經營策略的構思、行銷策略的擬定、以及企業各功能部門都可拿來應用。但看過那些作者的文章後，筆者對他們所建議的 SWOT 應用，不免浮現幾個困惑。

 優劣勢是如何得出、如何證明的？

　　企業經營所面對的情況複雜多變，競爭態勢也因為產業的不同、所處地位的不同（自己是領導者還是挑戰者、追隨者或是單純的做做 OEM 而已）、以及競爭者多寡的不同而在實際經營時有太多難以掌控的變數出現。所以自己評估自己的優劣勢時，是以什麼標準、經過什麼評估過程而得出呢？是由產業間的業者互評？還是從市場消費者客觀的評比？或者就只是企業自己關起門來內部互相討論一下而得出的？以下先舉出兩大類常見的所謂企業優勢來討論。

❶ 經過市場考驗的優勢

　　這一類是多少有經過市場、消費者的使用經驗而讓企業客觀地得出

一些評估依據，在這舉兩個為例，如常見的產品品質、品牌（包括知名度、形象）。

★ 產品品質

它可能涵蓋所有產品被使用後的體驗感受，如好不好用（吃）、效果如何、好不好清洗、噪音多大等。當企業把產品品質當作是自己的優勢時，是表示自家公司的產品確實經過消費者親身體驗，且取得多數消費者認可而認為具備這項優勢？即便經過這道客觀評比過程，我們還應該要追問一句：消費者對其他公司的產品認同程度又是多高、多低？當企業選擇將「產品品質」做為自己的 S（優勢）時，消費者真的認為我們是市場第一？還是把我們跟其他幾家業者都歸屬於「不錯」的類別？畢竟在做任何市場調查時，極少發現消費者都曾使用過所有業者的產品，所以調查的方式如果是同時問消費者對幾個品牌的評比，很難得到客觀的比較，而對他們沒使用過的產品不是沒有作答，就是憑其回憶，而回憶就是最大的誤差來源，極可能是對廣告的回憶度、或是搜索記憶裡對哪個品牌印象深，其實還是廣告回憶度，於是給出好的評價。但這種評價其實都是受到「月暈效應」或是「光環效果」（Halo Effect）的影響，這樣調查出來的品質實在令人非常存疑。

如果有訊息管道能得知各廠牌的使用者親身的使用評價呢？筆者特地上大陸的京東商城（JD.com）隨機抽取三個品類（電子鍋、空氣淨化器與衛生紙），再隨機抽取各四個品牌（依本人對大陸品牌的熟悉度以及對台資與外資品牌的關心度作抽取樣本），將每個品牌評價人數最高的拿來做對照，再看這些購買及評價者對這品牌、這個品項所做的好評度如何做個對照，資料整理如圖表 1-8 （註 13）

品類：電子鍋				
品牌	美的	蘇泊爾	九陽	象印
評價人數	67,126	20,638	5,562	246
好評度	94%	96%	96%	96%
品類：空氣淨化器				
品牌	飛利浦	松下	亞都	大金
評價人數	9,646	9,133	3,015	2,311
好評度	95%	95%	94%	96%
品類：衛生紙				
品牌	維達	心相印	舒潔	五月花
評價人數	196,895	2,844	961	17
好評度	97%	93%	95%	100%

圖表 1-8：京東商城產品評價

先看電子鍋，雖然九陽的評價人數明顯低於美的與蘇泊爾，但 5,562 個評價也足夠有代表性了，而九陽的好評度是 96%。象印評價數只有區區 246 個，但好評度跟蘇泊爾、九陽都是 96%。而這四個品牌的好評度落在 94 ～ 96% 之間，考量抽樣誤差，我們依然可下結論說這四個品牌的評價都是很高的。那我們可以猜得到，這四個品牌大概都會認為他們具有「產品優勢」或甚至多說一個「品牌優勢」不為過吧！（**多數業者一旦自認產品品質好或有消費者肯定，幾乎無例外地就會自動把他們的優勢項目增加一個，那就是「品牌」。**）

同樣道理，看空氣淨化器（或是空氣清淨機）與衛生紙這兩個品類，其中五月花評價數只有 17 個，代表性很難達到水準，但看看它的好評

度竟是 100%。你能說這市場測試結果不好嗎？

從圖表 1-8 整體觀之，這些品牌應該都會對其優勢項目放上「產品品質」或是「品牌優勢」。問題來了，如果同品類的許多家品牌都（自認）具備這項優勢，那這優勢是否還是真正的優勢？或是說，優勢相比之後會得出什麼結論呢？

★ 品牌（知名度、形象）

一家企業如果認為具有「品牌」優勢，大概來自於幾個認知。

消費者的正面評價。有好評，廠商自然會投射到他們的品牌上。

過去做了許多品牌傳播、投放廣告等。投資了錢，廠商也會自動歸類到具有品牌優勢。

歷史累積因素。能在市場上屹立多年而依然存在，廠商怎會認為自己沒有品牌優勢呢？即便品牌老舊，略失光采，但局內人多半還是自認他們具有品牌資產的。

銷售績效說話。只要賣得好，就是品牌成功，當然具備品牌優勢，這是多數廠商的思維。他們只是沒去細究這銷售績效是曇花一現？還是維持多年的績效。另外，績效是看相對的而非絕對的，是否有考量到對手的績效又如何？他們也沒去思索他們的銷售績效是看整體市場還是特殊市場？譬如在電視購物上銷售成績不錯的商品，是否就可號稱為品牌優勢？

把品牌知名度等同於品牌優勢。不論是企業或是影劇娛樂業，都拚命去追求企業品牌或是個人的知名度。在這就不舉太多實例，請讀者自問，你心中對某個人或物有很深的印象（知名度），那你對他的好感度是同比對照呢？還是要看情況？

因此，當廠商認為擁有「品牌優勢」時，是否把其他因素（如產品品質）擴充解釋（由一個變成兩個）？或是把銷售成績等同於品牌優勢？還是認為打了多年廣告怎麼不算是家喻戶曉必定具備的品牌優勢了呢？另外再問的是，如同上表所舉的空氣清淨機為例，飛利浦、大金與松下，甚至加上其他的進口品牌，對大陸地區的消費者而言，應該都算是知名品牌吧？（即便不確定他們所生產的空氣清淨機是否也同樣是好品質、好產品）那這幾個品牌之間如何判斷誰擁有或誰獨有「品牌優勢」？

❷ 受到企業經營績效污染的優勢

在筆者對企業授課的多次經驗中，凡是做 SWOT 的練習，經常會看到績優企業學員把領導（領導人或領導力）、企業文化、經營團隊等放進他們的優勢項目中。對類似這些項目，其實都有非常大的誤解，但這情況就是層出不窮。歸根究底，誤解的原因多半來自經營績效光環（月暈）的汙染與由此引出的對自我感覺良好。

★ 直接受績效所污染：「領導力、領導地位、經營團隊」優勢

只要企業本身績效良好，或是股票上市企業，企業從業人員一定相信其領導者（如 CEO、董事長或總經理）必有卓越的眼光、宏偉的視野以及堅強的毅力等才會打開今天這局面。譬如美國蘋果公司已逝的創辦人 Steve Jobs、台灣的台積電張忠謀董事長、大陸阿里巴巴、淘寶的馬雲還有小米手機的雷軍等，沒有他們的率領怎麼會有今天的成就？所謂領導者或領導力以及市場領導地位不就是這些企業的優勢嗎？

的確，這幾位以及其他企業的掌舵者必有不凡之處才會有今天的成績。但我們也就是受到月暈效應的影響而把績效這光環類推到其他項

目，領導力就是最好的例子。因為我們是**從結果（績效）推原因（領導力）的想當然爾**，但我們沒有辦法讓時間倒轉去看同時期其他企業的領導者，難道不怎麼成功或是失敗企業的領導者就沒眼光、沒魄力、沒領導力、沒願景，以致企業敗下陣來或拿不到市場寶座的地位？可能更有企圖心的領導者反而把公司弄到倒閉的局面呢！當年美國的 Scott Paper（史谷脫紙業）董事會自認經過千挑萬選找來 Al Dunlap 來率領史谷脫紙業想要扭轉局面。這位鏈鋸手 Dunlap 一上台就發揮他一貫以來的魄力：大幅裁員、關廠、賣掉總部大樓搬到佛羅里達州去。在那當時，股價回升，獲利增加，市場一片阿諛之聲。我猜，那時做 Scott Paper 的 SWOT 分析，領導力肯定不會在優勢項目中被遺漏了。沒多久，Dunlap 主導把公司賣給金佰利公司（Kimberly-Clark），自己拿豐厚離職金走人。Scott Paper 沒了、品牌沒了，就在大中華區留下個中文舒潔品牌，旁邊配個 Kleenex。

再說經營團隊。在這批高階團隊率領下企業績效顯眼。但我們怎麼比較淘寶與京東的經營團隊誰好或更具有優勢？我們如何評估伊利、蒙牛與光明這三大乳品廠誰的經營團隊最佳？台灣 HTC 手機績效下滑，我們就能因此說經營團隊是它的劣勢嗎？當我們寫下經營團隊是我們的優勢時，其實是把企業的績效放大到經營團隊上，這也是被污染的結果。

★ 間接受績效影響：「企業文化、凝聚力」優勢

另外常見的優勢項目，如「企業文化」或是「企業凝聚力」也是間接被污染後得到的誤解。因為績效好，大家不免認為平常的爭執與衝突都是獲得市場績效必經的過程。甚至某些人的調職或裁撤，只要績效不降，大家一定解讀為這是正確的舉動，且反而讓成員更有凝聚力不是

嗎？不只如此，這其中還有許多吊詭之處。如果原來的主管或 CEO 是某個領導風格，萬一不知是什麼原因被換掉，新領導者丕變為另個領導風格（譬如由 X 變 Y 或反是），但企業銷售逆勢上漲，我們就很難不把企業文化或是凝聚力等轉換成我們的優勢項目，但其實，他們也是被經營績效間接污染所造成的。

❸ 最容易被誤解的劣勢

　　既然領導企業只有一、兩家，那其餘排名在後的企業自然劣勢多於優勢囉。於是我們看到常見的幾個項目是企業自認不足的，就被歸到劣勢族群，譬如品牌知名度不夠（請再看看上文優勢的說明）、產品品質不夠優、通路不廣、經銷商不積極、服務反應慢，還有，價錢貴、預算不夠多。別的都有道理，但是關於「價錢貴」與「預算不夠」這兩項，與所謂的劣勢的關聯性往往不是看表象這麼直觀。

★ 價錢高或低是否真是劣勢？

　　做銷售的多半要求低定價，因為好賣。

　　生產者與做財務的則認為起碼要有相當的毛利，才值得生產。

　　這之間的是非曲直往往會質疑行銷決策，常把銷售時遇到的阻力歸咎於價錢太高，於是就說劣勢就是價錢過高。

　　價格應該是由定位決定的。（沒認真思考定位而以毛利要求或是財務需要、或是必須給通路高毛利不然沒法賣……等等作為定價基礎的，都不值得本書討論。）價格是給消費者的認知。只要產品匹配，對手又無相應的品項，高價是策略使然。即使遇到一些銷售阻力，也應該先追溯其他的銷售輔助措施是否已做到且做好？消費者不是嫌價錢貴，嫌的

是不值那個價。這才是劣勢。

當然，後起廠商看到許多產品都賣得很貴，如 LV、雙 B 轎車、歐洲化妝品牌、沛綠雅礦泉水、某個成功的醫美診所的服務等等，就自以為自家產品也能賣這個價，於是就想如法炮製，但決策失誤的情況比比皆是。這時就要認真思考，「價錢、定價」是否是銷售不佳的關鍵？還是價錢只是一組決策的一份子，是其他的部分沒做好才無法彰顯價值？所以，價錢不應那麼直觀地被視為劣勢。讀者不妨想想，台幣 99 元的口紅（人民幣 19 塊錢）好賣呢？還是後面加個 0 好賣？

兩岸的讀者也許能立刻想到幾個市場實例證明他們會成功就是價格低，所以低價是優勢，若是當初賣高價肯定賣不好。我幫讀者想兩個，一是台灣的「美麗日記」面膜，一是大陸的小米手機。但讀者不要忘了，他們的低價之所以成功，關鍵不是表面上價位低這項優勢，而是「**高性價比**」這優勢。

★ 沒人認為自己預算夠的

第二個常被歸屬到企業劣勢的項目，個人觀察，是「預算不夠」。

1. 沒人嫌預算多的。反之，也沒有人會認為自己預算夠的。（真的夠也不能說出來。）

2. 預算一定要看企業有多少資源。俗話說，口袋深不深。

3. 要那麼多預算，但真的清楚知道要花在哪裡嗎？如果只是盲目打廣告、亂做贊助活動、亂找代言人，那再多預算也不夠。

4. 也是我最常在課堂上說的：這錢如果是要從你的口袋掏出來，你會嫌少嗎？

真正把「預算不夠」視為劣勢這點最站得住腳的理由，其實是「不

給錢又希望大賣！」。對老是把「小兵立大功」這句話當做擋箭牌而不給行銷預算或是預算少得可以的企業主，倒是可以把「領導力」先歸到劣勢再說，還反倒實際點。

4 非優即劣嗎？

在 SWOT 分析裡，一個項目如果不是我們的優勢，那就一定是我們的劣勢嗎？如品質、服務或是品牌、通路、以及價格？

當然不是。這就點出傳統 SWOT 分析的重大盲點。S（優勢）與 W（劣勢）的認定是從企業內部的分析並與競爭對手的比較。但關鍵點卻漏掉了，**一是沒有把消費者的使用經驗納進來；二是競爭對手眾多，那該跟誰比！**

一個消費者要把他目前使用某品類的所有廠牌都使用過幾乎是不太可能的。常見的情況是使用過幾個，然後依其綜合評價日後就忠於一個或兩個品牌交替使用。所以當消費者說某個品牌品質不錯，不能因此就得出其他廠牌品質不好這樣的結論。當然，廠商可以內部檢測或是由外面第三方做了公正的評比報導，如消費者報導雜誌之類的產品比較或是汽車使用指南之類的報告，所得出的結論可能會像是空氣清淨機去除 PM2.5 或是甲醛的功效做個排名比較，或是各廠牌汽車耗油量的評比。即便如此，由於資訊的不對稱，不可能每個消費者都看過同一份檢測報告，即使看了也不一定看得懂。再說，不論是空氣清淨機或是汽車耗油量，極可能幾個廠牌之間的差異是極小的，而他們之間卻不是相同價格，且最重要的，品牌也不一樣，要消費者客觀分析比較其中一個特點而不管其他因素也是不合乎實際購買經驗的。由於科技日益發達，許多產業

之間的技術差異已經越來越小，真有多少消費者能分辨出生產衛生紙和面紙的各廠牌有多少品質差異？又有多少消費者對電視機、筆電的音箱能分出差異性？還是這因素要同時跟價格與品牌一併考量才合乎實際經驗？

從上述分析就引出第二個盲點：**跟誰比**。教科書只說應該跟對手比較，卻沒告訴我們這對手是一個還是幾個或是全體！乍看之下，既然在市場競爭，當然每個業者都是對手，可是這範圍大得可以，有多少企業有這個人手、時間來做這項工作？且真有這個必要嗎？這才是真正的問題。那我們把範圍縮小，只跟同一區隔的業者比，譬如隨便舉小轎車市場，任選兩個變數將市場分為四個區隔，如圖表 1-9（筆者製作）：

<table>
<tr><td colspan="3" align="center">價格高</td></tr>
<tr><td></td><td></td><td>BENTLEY
Benz；BMW
Lexus</td></tr>
<tr><td rowspan="2">製造
來源　　國產</td><td>Luxgen
Toyota Camry
Nissan Teana</td><td>VW
Mazda　　進口</td></tr>
<tr><td>Mitsubishi
Ford</td><td>Suzuki
Skoda</td></tr>
<tr><td colspan="3" align="center">低</td></tr>
</table>

圖表 1-9：小轎車品牌定位圖

就豐田汽車（Toyota Camry）而言，是否它只需跟日產 Teana 相比？

或再加上福斯 VW 與馬自達 Mazda ？還是說豐田有必要去跟 Lexus 以及 Skoda 相比所謂的優劣勢？

 ## 對機會與威脅認定的模糊

……機會和威脅分析將注意力放在外部環境的變化及對企業的可能影響上……

……企業必須敏銳地捕捉機會，把握時機，以尋求更大的發展……

……企業必須克服威脅，以發揮優勢……

……當企業內部劣勢與企業外部威脅相遇時，企業就面臨著嚴峻挑戰，如果處理不當，可能直接威脅到企業的生死存亡。

這些傳統敘述，是將機會認定得非常寬鬆並假定信手拈來就是機會。而對威脅呢？不是輕忽其影響力，就是認為企業要是處理不當就要面臨生死存亡！這就是傳統 SWOT 不夠嚴謹之處。

機會與威脅是偵測外部環境看有哪些機會可以讓企業所用或是出現哪些威脅會影響到企業生存而須加以防範或是立即採取行動的。遺憾的是，這樣的描述對企業的幫助實在很有限，有時只能說是空歡喜一場或是杞人憂天。主要原因是：**我們對所謂的「機會」沒有認真思考就以為是「我們的機會」**；而對「威脅」，又是人云亦云地幫自己的低效能找藉口。

❶ 機會必須嚴謹看待，屬於「我們」的才是真正的機會

讓我們描述幾個過去曾被許多人視為「機會」的現象：

■ 中國即將進入 WTO 而會開放金融市場，這對台商金融業而言將是一個莫大的市場機會……

■ 網路購物越發興盛，對新興的創業者來說這將是另一個本小利厚的創業機會……

■ 小資階級的興起，對個性化商品將是另一個主攻的市場機會……

■ 大陸食品安全讓人憂心，對一向注重食品安全的台商來說，這可是另一個打開市場的契機……

上述「機會」的描述，就表象而言是個機會，只不過這是大家的機會，不是哪些人或企業專有的。開放哪些市場，最有機會的應該是最早獲得資訊、最早卡位且能最快拿到執照的，這些機會一般人或是普通企業根本無法掌握到，跟你有多少資源並不見得相關。

網購興盛，表面上是人人有機會，但最怕的也就是這「人人」。想想看，多少企業和個人已經在淘寶、京東、1 號店或是 PChome、Yahoo 做起生意，你現在還想去這些網購平台賣東西，想想看要讓顧客找到你，都是一件多不容易的事。

新消費族群的興起是個機會，但不要忘了他們平均月收入是多少，扣掉吃飯、手機話費、上網費、交通費還剩多少？有些人還要扣掉房租、車貸。其他像是連鎖咖啡業者也想搶攻這族群、UNIQLO 或是 H&M 想賣衣服給他們、新款流行鞋業者想叫他們多買幾雙、新餐廳也想叫他們來光顧一下時髦的異國餐飲口味。還有髮廊、化妝品，連出版業都想賣輕食指南給他們。對了，小資階級每年起碼要出國旅遊一次，不然可太丟人了。舊換新的還沒說呢，手機升級到 5S 是必須的，多買個平板是身份的加分。還有新產品：雀巢膠囊咖啡機不賣給這些人還能賣給誰？

酒吧跟夜店還去不去？這所謂的小資，能有多大胃口吃下這麼多商品與
服務？到底哪些業者有機會？市場機會到底是屬於誰的呢？

② 威脅必須是立即且迫切影響我們生存的才是真威脅

先舉幾個所謂的威脅說：

■ 市場經濟不景氣

■ 全球金融風暴

■ 美國房地美、房利美崩盤

■ 通貨緊縮，消費者趨於保守

■ 中國低價產品充斥市場

■ 蘋果推出智慧型手機

■ 大陸海底撈火鍋生意火爆

■ （NBA）DWIGHT HOWARD 選擇火箭隊

■ Uber 在台北、首爾、上海開站

■ 中國中央提出八項革新，嚴禁會館場所經營

威脅是來自於外部環境且會對企業產生致命的危害（時間早晚）。
只是當市場上出現某個看似不利經濟發展或是影響消費者的事件（業者
認為這對他們是負面），許多人就很快地將它劃分到威脅 T 這邊。但威
脅出現，業者起碼要認清這是否是我們國家、我們產業以及最重要的：
我們自己的威脅？且還應該深入思考，**大家都認為的威脅，有沒有可能
對我們反而是機會呢？**

我把上述一些威脅說重新整理成圖表 1-10，但是把這所謂威脅的程
度與影響範圍分成三類：「直接威脅」、「間接威脅」與「干卿何事」

這三類。

事件 　　威脅程度、範圍	直接威脅	間接威脅	干卿何事
市場經濟不景氣	每一個人？	每一個人？	每一個人？
全球金融風暴	全球金融業	美國其他產業？	其他國家業者？
美國房地美、房利美崩盤	美國房地產	美國金融業	台灣？
通貨緊縮、消費者趨於保守	非必需消費	高檔消費	民生必需品
中國低價產品充斥市場	勞力密集業		品質取勝者
蘋果推出智慧型手機	Nokia Moto	替 Nokia 代工	？
大陸海底撈火鍋生意火紅	其他火鍋業者	餐飲業者	？
（NBA）DWIGHT HOWARD 選擇火箭隊	其他 NBA 球隊？	火箭隊自己？	？
Uber 在台北、首爾、上海開站	高級租車業		Taxi？
中國政府提出八項革新，嚴禁會館場所經營	會館業者	靠公款消費的餐廳、高檔菸酒	？

圖表 1-10：真威脅還是假威脅？

　　對於全球範圍來說，景氣循環周而復始，美國老布希總統沒連任是因為經濟沒搞好；柯林頓總統雖然有醜聞纏身，但他不但連任且在他在位時美國的國庫是最充實的。而我們不論記憶好不好，總該有印象，景氣好時有人破產，景氣差也有企業獲利滿滿。所以拿經濟不景氣當作企業的威脅是最不負責任的怠惰。再說回來，如果對同業甚至全國而言都蒙受不景氣之苦，表示大家都一樣，那這還是「我們的」威脅嗎？所謂「對我們是威脅」，那就表示對別人不是威脅。但這不是前後矛盾嗎？

所以一項威脅的出現,即便對同行業者而言也是程度不同的威脅,更不必說對非遭受直接嚴重影響的。對「大家都一樣」的說明,在上文討論「機會」時筆者就提出不要隨手抓來就說:「是我們的機會」,「威脅」的認定同樣也是同理可證。

再看「中國低價產品充斥市場」這個市場威脅,受到直接威脅的當然多半是其他國家勞力密集產業,但一定是中國有出口同產品的,譬如在台灣的鞋、襪、雨傘、簡單的廚房用品等這些在台幣 10 元商店隨手買得到的。然而,面對這威脅,也有業者轉而走精緻路線做出高品質、包裝獨特且款式繁多的毛巾與襪子,一跟大陸貨相比,質感反而更加突顯。所以這是威脅?還是機會?

來看看運動產業,舉美國職籃 NBA 為例(後面有專章討論 NBA 該怎麼用 SWOT 來看才更有看頭。)。上個賽季(2013-14)強力中鋒 Dwight Howard 離開湖人加入火箭隊,火箭當然說是實力的大大補強(優勢擴增),對打入季後賽甚至冠軍之路都充滿信心。這是發言人的工作,理所當然。對其他球隊而言,火箭隊多了一位強力中鋒,想當然耳這是威脅。對沒大中鋒、又沒其他一線球星的球隊姑且站得住腳。可是對於也有好的中鋒球隊來說,威脅的程度必定打折扣。再看火箭自己。Howard 的加盟,就對原來的中鋒阿格西產生時間排擠效應,對他的心態也多少有從一線退到二線之感,果然,他從先發打到替補,教練當然會說他要充當第六人(在 NBA 這是關鍵角色),但說是如此,心理完全不受影響?另外,既然要 Howard 發揮,球就必須傳到籃下給他,這反而彰顯出到底是 O 還是 T,是 S 還是 W!因為要分球給 Howard,Harden 跟其他射手就減少出手機會,那結果就要看 Howard 的命中率

囉！而對方球員就拿出一招來抗衡 Howard ── 犯規，情願讓你上罰球線賭你罰球命中率！所以對其他有冠軍像的球隊來說，一個看似「威脅的產生」，但又好像是「機會出現」。其中顯然有互相矛盾之處。這也是傳統 SWOT 所無法解釋清楚的。

新型態的租車業者 Uber 是以高級車款讓乘客以手機叫車。看到其被法國、首爾的人民所抵制，想必抵制的人一定是感受到威脅才會有這樣的行動。直接受到威脅怕被搶走生意的應該是原來城市提供同檔次租車服務的業者。那一般的租車業呢？看他們的業務型態是長租還是短租？客戶的消費金額？或車型是高中低哪種型態？中低檔次的業者不應有什麼威脅之感。至於各地開 Taxi 的，直接撇開吧，干卿何事？

至於現今大陸中央新出台的八項革新，針對高檔會所、貴賓名義的各種場所進行的「停業」處理，哪些業者認為是威脅、哪些又不必費心操勞，程度與範圍自是有所區別才是。

✔ SO、WO、ST、WT 的結合是否過於簡略？

關於分析之後怎麼用，傳統說法就直接做組合告訴讀者：S ＋ O 怎麼使機會與優勢充分結合發揮出來；W ＋ O 就要企業提供和追加某種資源，以促進內部資源劣勢向優勢方面轉化，從而迎合或適應外部機會。S ＋ T 則是出現優勢不優的脆弱局面，在這種情形下，企業必須克服威脅，以發揮優勢。那 W ＋ T 呢？企業就面臨著嚴峻挑戰，如果處理不當，可能直接威脅到企業的生死存亡。（所以一定要妥善處理？）

請問讀者們，經過前面分別對 S、W、O、T 的質疑，再看傳統上

如此簡單的自圓其說，企業從業人員真會知道具體該怎麼用嗎？SO 或許還可以理解；WO 呢？劣勢那麼輕易就能轉成優勢？還可迎合外部機會？這是多麼辛苦而難以做到？！且就算做到了劣勢逆轉，機會還在嗎？別忘記，原文都說機會可是「稍縱即逝」的。

ST 與 WT 就更離譜了。企業當然知道要克服威脅以發揮優勢，但萬一威脅真的是立即的而且很嚴峻，怎麼克服？譬如真碰上大蕭條或是產業丕變，如傳統手機不敵智慧手機，怎麼辦？要真是如此簡單，不要說 NOKIA 不會被收購，台灣也不至於找不到手機業者了（HTC 也許是小例外，只是前景堪慮。）

對於這樣過於簡化的分析，不只是用字遣詞不夠嚴謹，且都是想當然耳地把事情看得過於簡單。傳統的說法一定有什麼不足、欠缺之處。

✔ SWOT 分析最適合哪個層次？是企業、品牌還是個別產品？

SWOT 分析裡的陳述內容，都指向企業層次，但如今稍具規模的企業，尤其是上市企業，很少是單一品牌甚至不可能只有單一品項。我們就以圖表 1-8 所抽選京東評價的這些企業來看。美的產品那麼多，居市場佔有率最高的是空調，而九陽沒有空調，但在豆漿機領域九陽可囊括近七成的市佔。所以如果做美的與九陽的 SWOT，在描述各自的優劣勢時就會有老王賣瓜的傾向，這卻是毫無疑問的結果。再看市場上的機會與威脅，同一事件對空調與豆漿機就不是一體適用，譬如三聚氰胺毒奶事件，對九陽是個機會，對美的可不相干。可這兩家都是家電業，也

生產銷售許多相同產品如電子鍋,顯然市場上出現了 O 或 T 但對其中的業者影響卻是有極大差異的情況發生。

再看另一個家電領域。生產空氣清淨機的飛利浦與亞都。飛利浦的家電品項多的可以,但亞都只有空氣清淨機等少數產品。同樣做各自的SWOT,我們是專注在空氣清淨機這類別的廠商 SWOT 分析?還是看飛利浦與亞都的 SWOT 分析?(飛利浦有咖啡壺與電鬍刀,可亞都沒有!那怎麼看他們的 S、W、O、T?) 因為從這兩個角度所得出的結果雖然都算是這兩家企業的 SWOT,可其中的內涵是截然不同的。

現在我們再把鏡頭拉遠點。如果是指「家庭電器」產業,那美的、九陽、飛利浦與亞都不都是這產業的競爭者嗎?他們各自的 SWOT 分析不就把剛才所提到的問題突顯得更加困惑?同樣問題再放到食品飲料業及日化產業,想想統一、康師傅、娃哈哈、旺旺,再想想 P&G、聯合利華、拉芳,他們的 SWOT 分析又該如何下手?起碼可以確定的是,從企業角度、品牌角度或產品角度所得出的 SWOT,結果可是天壤之別的。

可見,傳統 SWOT 分析,並沒有明確點出如何處理這些情境。

✔ SWOT 的分析時效能持續多久?

S 與 W 是企業內部自我評價得出的結果,O 跟 T 是外部環境的變化以致影響了或者開啟了該採取行動的信號。假設 SWOT 不只是純分析動作,而是確實導引出企業的行動計畫,那做完一次 SWOT,什麼時候該做下一次?這樣才能持續地往前走下去?

❶ SW 的時效性

S 與 W 能持續多久往往讓企業措手不及。企業的 S，有些是經過多年的實戰所鍛鍊出來且受到市場肯定的，像是品牌、通路或是客戶服務。就不說 LV、BMW 與可口可樂了，加多寶、東京著衣，則可說是後起之秀。客戶服務也是經過無數測試、被吐槽之後才越做越好，像是海底撈火鍋與京東商城。有些 S 卻可能是企業創辦之初就具備的，這在 IT 行業最為常見，而別的行業也所在多有，譬如上海有家廣告公關公司，創辦人很早就有豐厚紮實的黨政關係，因此他們不論是承接這些客戶的案子或是其他企業想借助其關係來參與國家的一些計畫，如神舟火箭活動，那這家公關公司的優勢可說是得天獨厚且極難被取代。

反觀 W。企業的 W 有先天的也有後發的，也有因為固守 S 但不知變通反而成為 W。企業的每項職能都重要，而新創企業可能憑藉獨特技術而先佔有產品優勢，但其他的如通路、銷售團隊與售後服務就還不到位，這是先天的 W，這也是企業（尤其是新企業）難以面面俱到的先天因素。但最可惜的是明明看到有變化卻堅守原有的 S，堅守下去的結果就是 S 不再，甚至企業也不在了！看看 NOKIA、MOTO、黑莓機與柯達的下場。

Phil Rosenzweig 教授在其著作「The Halo Effect」中舉英特爾幾個轉折點為例（註 14），就讓我們來看看英特爾如何面對 OT 繼而轉變成 S。

1969 年，剛成立一年的英特爾面對客戶要求 64 位元記憶體晶片的提案，而競爭對手已開發出 256 位元晶片，英特爾怎麼偵測又怎麼採取行動？直接發展 1024 位元晶片。到了（上世紀）80 年代中期，英特爾

面對日本企業的崛起，乾脆退出記憶體晶片市場轉而發展微處理器，之後再與微軟合作而出現了我們大家都熟知的 Wintel 規格。……

NOKIA 也看到了安卓系統，但它沒採取「對」策。

現今，大陸各家電廠商紛紛要做智慧型家電，方太要把抽油煙機加上智慧功能，海爾與 TCL 把空氣清淨機加上 WIFI。美的要做智慧家電、九陽也想做智慧型健康廚房家電。是因為大家都看到了 O 而想獲取下一個 S 以免成為 W？還是什麼背景因素讓這些家電業者認為未來非智能無以立足市場？是監測到環境出現機會？還是怕對手先做了就成了我們的威脅？或是鬱金香心理認為不做就會跟不上？

所以，S 與 W 的持續性或是演變，除了企業自身因素，對手與環境的變化可能對企業影響更大。那該如何、何時做監測與判斷呢？監測要監測什麼？又為何判斷失準？傳統 SWOT 看不出有解。

❷ OT 的時效性

有的 SWOT 版本說機會稍縱即逝，有的說 T 的出現讓你措手不及。似乎環境的變化真的讓企業不知所措。

有時候出現了 O，但企業不見得具備 S 能加以利用。要想快速增加資源使 W 消弭或降低來利用 O，先不說這要花多少時間與資源，等轉型好，O 早已不在或是已讓對手捷足先登。

T 就更麻煩。如果 T 是全球性、全面性的，其實就表示個別企業根本無能為力。AIG 與花旗銀行資源夠豐富了吧，可如果沒有美國政府紓困他們早倒了（這是否也是他們的優勢：美國政府會永遠挺他們？）。美國通用汽車的環境威脅早就存在，因為對手步步蠶食而讓通用的市佔

率節節敗退。其實通用汽車並非沒有進步。多年下來，不論是品質、效率、新車款與節約成本，通用汽車早就看到環境與對手的威脅而採取因應對策。但績效是相對比較的，對手進步的更多，環境變化更快，以致通用汽車依然下沉。台灣的福客多超商難道沒觀察到 7-11 的威脅？壹咖啡難道沒看到 85℃ 的威脅？所以，OT 到底該如何偵測又該何時採取哪些動作？這些問題與困惑能在所謂 SWOT 分析裡找到答案嗎？起碼在傳統論說裡是沒有說清楚的。

註

1. Marilyn M. Helms & Judy Nixon, "Exploring SWOT analysis", Journal of Strategy and Management, Vol.3, 2010, p. 215～216。

2. Stephen George & Arnold Weimerskirch, 《Total Quality Management》, 2nd ed. (John Wiley & Sons Inc. 1998), p. 54。

3. Bob Stone & Ron Jacobs, 《SUCCESSFUL DIRECT MARKETING METHODS》, 7th ed. (McGraw-Hill, 2001), p. 35～36。

4. 林建煌編譯，《現代管理學》，2 版，（華泰文化，2002），p. 102～103。

5. Clifford Gray & Eric Larson, 《Project Management》, (McGraw-Hill，2002), p. 67～68。

6. Sid Kemp & Eric Dunbar, 《Budgeting for Managers》, (McGraw-Hill，2003), p. 32～33。

7. John Stark, 《Product Lifecycle Management》, 3rd ed. (Springer, 2006), p. 212～213。

8. 常昭鳴編，《PMR 企業人力再造實戰兵法》，（臉譜，2010），p. 154～155。

9. 鄭紹成著，《行銷學：宏觀全球市場》，4 版，（前程文化，2012），p. 89 ～ 91。

10. 楊立人審閱，楊慎淇譯，《管理學》，（聖智學習，2013），p. 66 ～ 67。

11. http://wiki.mbalib.com/zh-tw/SWOT%E5%88%86%E6%9E%90%E6%A8%A1%E5%9E%8B。

12. http://www.baidu.com/s ？ word=swot%E5%88%86%E6%9E%90&tn=99325455_hao_pg&ie=utf-8&f=3&rsp=0。

13. 京東商城 JD.com 網站資料 , 2014/9/2。

14. Phil Rosenzweig 著，徐紹敏譯，《光環效應，The Halo Effect》，（商智文化，2007），p. 210 ～ 211。

Chapter 2

頓悟——
JC SWOT 分析法

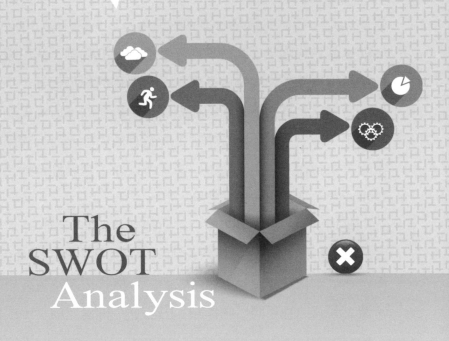

The
SWOT
Analysis

麥斯威爾咖啡的盲點

　　我記得清清楚楚。那天是 1989 年的端午節下午，大家都在放假，我一個人在公司加班，正在為我負責的麥斯威爾研磨咖啡寫上市計畫。

　　當時的台灣即溶咖啡市場有三大品牌，佔有率排名依次是雀巢、麥斯威爾與摩卡（摩卡也是一種咖啡口味的品名）。這三家企業都有幾種共同的品類，以等級來分，最好的是冷凍乾燥法做的即溶咖啡（顆粒像是金黃色或是土黃色的），可保有原咖啡豆 70% 的香味；再來是噴霧乾燥咖啡（顆粒就像是咖啡豆的黑色），只剩下約 30% 的咖啡香；最後就是隨身包咖啡（或說三合一咖啡），把咖啡（採用噴霧乾燥的，隨後才有用冷凍乾燥咖啡做基底）、奶精和糖都搭配好，不必再添加別的了。台灣以及其他非日本的亞洲國家所銷售的麥斯威爾咖啡都是在南韓的咖啡工廠所生產，因為咖啡生產量有規模性，而台灣以及其他亞洲國家的需求量還不夠大到訂製口味，所以除了包裝標示外，內容物咖啡都是相同的。這是即溶咖啡市場。

　　麥斯威爾研磨咖啡那時只在南韓地區剛開始銷售，它是把豆子烘焙並研磨成粉狀（不是即溶的，必須用咖啡機或一般的咖啡壺來過濾或煮，像是在咖啡店或餐廳、飯店所喝的），然後用真空包裝裝好，每包是一磅裝，共有三種不同口味種類，巴西豆、哥倫比亞豆，或是這兩種豆的

混合包，預備要在咖啡店以及餐飲市場推廣。南韓夥伴詢問台灣的銷售意願，公司就徵詢我想不想試試做新產品，我一口答應下來，這就是當時的背景。我加班就是準備寫麥斯威爾研磨咖啡在台灣上市的計畫。因為是首次負責一個產品，又沒有任何歷史銷售資料，所以怎麼寫這計畫確實把我給難住了。

 ## 研磨咖啡市場概況

在對台灣整個咖啡市場做了一深入的調查後，發現台灣每年進口咖啡豆的數量高達 2,000 噸左右，而這僅是咖啡生豆，進口商進口這麼多咖啡豆是賣給誰？想必是跟我們即溶咖啡市場截然不同的餐飲市場，如傳統的咖啡店、西餐廳（不論是單店或是連鎖體系）、高級飯店（有附設餐廳的）還有剛興起的速食市場（如麥當勞）。與即溶咖啡相比，這塊市場比起我們原先做的真是大太多了！只要能佔到一小塊市場份額就不得了，所以研磨咖啡可針對餐飲通路（俗稱戶外市場，Away From Home Market）跟高端百貨公司附設的超市（傳統零售市場，In Home Market）同時並進，這就是我初步的構想。

麥斯威爾研磨咖啡的 SWOT

當時也是剛畢業吧，腦中還記得許多書本上的觀念、理論跟模型，就很自然地把這計畫當成論文一樣來寫，而我借用的理論不外乎第一章所提到的那些，其中的 SWOT 分析模型正是我手上要寫的。

依我當時對 SWOT 模型的了解，我也認為它容易理解又好用，於是我就把我對市場的了解按傳統模型做了一個很制式的研磨咖啡 SWOT 分析表，如圖表 2-1：

S 優勢	W 劣勢
■ 品牌形象好	■ 統一經銷商不強
■ 廣告深入人心	■ 統一業務團隊弱
■ 孫越代言很正面	■ 經銷商不重視我們
■ 公益形象好	■ 陳列不好、常見缺貨
■ 通路鋪貨廣	■ 資源不夠
■ 零售客戶很支持	■ 沒有豆子給客戶選
■ 廣告公司很有創意	■ 沒餐飲通路經驗
	■ 其他供應商客戶關係比我們強
	■ 品類單一
O 機會	**T 威脅**
■ 台灣西化傾向增高	■ 供應商多
■ 對西方飲食接受度提高	■ 關稅高
■ 所得提高	■ 健康顧慮
■ 關稅下降	
■ 咖啡廳及餐飲通路市場大	

圖表 2-1：麥斯威爾研磨咖啡 SWOT 分析

圖表 2-1 剛做好，乍看之下很滿意。但越看下去越覺得有問題，總覺得互相矛盾與衝突的地方很多，而我都無法自圓其說！而且做好之後我要採取哪些行動為什麼怎麼也看不出來呢？

❶ 7 個優勢真的是優勢嗎？

雖然圖表 2-1 找出了 7 個優勢，但仔細一看就是有問題。最大的問題是我自己分不清楚哪個才是我的市場跟我真正的客戶！關鍵原因是，我把研磨咖啡與即溶咖啡都放到一起來做 SWOT 分析，這樣是不對的！

先看第一個優勢：「品牌形象」。麥斯威爾品牌形象好是沒錯，但那是在 In Home 零售市場，而研磨咖啡所要做的是另一個全新的 Away From Home 餐飲市場。AFH 市場的競爭者不是雀巢、也不是摩卡這些即溶咖啡，而是餐飲通路的供應商。因為曾做過一些拜訪，對這市場有個初步了解，而它有幾點跟過去我們所熟悉的零售市場極不一樣（如圖表 2-2）：

項　目	內　容
業者型態	■ 一般的咖啡店（單店） ■ 西式餐廳（單店或是連鎖系統） ■ 連鎖速食店（麥當勞之類的） ■ 附餐廳的飯店（星級的）
採購者	■ 老闆自己（咖啡店） ■ 專職採購人員（這包含飯店的行政主廚、專職採購部門人員等）
決策者	■ 小規模的店就是老闆自己決定 ■ 大規模的店都是集體做決定（但總有關鍵人物，如飯店是行政主廚，餐廳就是採購主管）

對供應商要求	■ 要能同時提供多種物料，如咖啡、奶精、糖，以及餐廳會用到的（不論是給客人或是廚房做餐點用）其他食材。都不希望一家供應商只提供一種，這會增加採購麻煩 ■ 要長期供應（當時所了解的，許多供應商跟客戶們都有多年生意往來，要他們為了一個咖啡而更換供應商都表示意願不高）
對咖啡要求	■ 咖啡店無例外要求提供豆子 ■ 餐廳、飯店有些可接受研磨好的，但一定要給主廚試過
他們的客人（對咖啡品項）	■ 咖啡店的客人要求高 ■ 其他就一般（速食店最低）
價格	■ 基本行情

圖表 2-2：台灣研磨咖啡餐飲市場的特徵

因此，即便他們都知道也都認可麥斯威爾的品牌，但一旦要他們選擇研磨咖啡的供應商，麥斯威爾反而因為是即溶的形象因素而讓他們有所怯步。再加上供應商的考量因素等等，麥斯威爾的品牌優勢在餐飲市場是無法發揮作用的（以之前拜訪過幾家的結果來看，對麥斯威爾要來拜訪多表歡迎，但一談到要合作研磨咖啡的企圖時，多表示這有難度）。

在思考這問題的同時，我也轉換角度來看我所熟知的零售市場，看看麥斯威爾的品牌形象到底是否真是一項優勢！

麥斯威爾在台灣有高知名度、好形象，客戶以及消費者都認同我們，但雀巢也很好啊！而且雀巢在台灣品類眾多，來台灣的歷史也比麥斯威爾久；說我們比摩卡強還可以成立，但要說跟雀巢比，50/50 吧！

說廣告深入人心，這其實是指品牌知名度與回憶度，道理跟品牌形象是相同的，也不能看作是麥斯威爾的優勢。

第三個孫越代言與第四個公益形象優勢，其實應該合起來看，就是孫越這位資深演員一改過去的反派形象，演藝界自不必說，他可說開啟了藝人走公益路線，替弱勢族群發聲，喚起社會大眾對他們的關懷與支持。只要孫越出現在公眾場合，他一定會說出一句「好東西跟好朋友分享」（這其實是麥斯威爾咖啡的廣告語），麥斯威爾就是這樣請他做代言廣告但卻收到區區廣告費永遠也無法計算的回報。這才是麥斯威爾咖啡的優勢。

「通路鋪貨廣」這項也有問題。不錯，在北台灣與中臺灣，我們確實鋪得很廣。但越往南台灣走，就發現經常缺貨！可雀巢呢？到哪都看得見他們的咖啡。同樣情況又來了：跟摩卡比，麥斯威爾比他們強；但跟雀巢比就不是了！那這算不算麥斯威爾的優勢呢？

至於第六項「零售通路的支持」，在即溶咖啡市場是的，因為形象好又好賣嗎？可雀巢也一樣啊。這又是個困惑點。

回到研磨咖啡來看，如要打進高端百貨的超市應該會有機會，所以可算是個優勢；但對戶外市場來說，咖啡店與餐飲通路、飯店卻是麥斯威爾從沒做過的，對我們而言這是全新的嘗試，根本不會有什麼優勢，其實這應該要算是劣勢才對！

最後一項「廣告公司有創意」，因為我們與奧美廣告公司合作，他們確實很強。但想想，雀巢與摩卡找的廣告公司就不強？不強會有今天這局面？所以這點也站不住腳！

重新看我寫的優勢內容，並思考零售市場與餐飲市場的探討結果，彷彿感覺到使用「SWOT 方法」時有些地方要先註明一下：

■ SWOT 分析看似**以市場區隔做基礎才合適**，以大市場做分析明

顯有不適配的情形發生。

- 比較的基礎要先定義好，不要把公司或是品牌的優勢放在所有新舊品項上。

- **優勢是比較出來的**，但不能跟全市場對手一起比，應該選個最相當的比才合情合理。（這也是要考量到所選的區隔市場）

② 我真的有這麼多劣勢嗎？

看完優勢再來看劣勢，似乎比剛才清楚多了。

先看研磨市場。前面四個劣勢其實是指零售市場的現況，不要再搞混了。但餐飲市場我們原先還是打算跟統一合作，因為統一剛成立一個特殊通路，Away From Home 的 HBR（Hotel, Bar, Restaurant）系統，是為了剛代理的其他產品而新設的，統一自己也是這通路的新手。如果依然和統一合作，「代理商經驗不足」肯定是劣勢！但我們還沒做，我有機會提出另個方案把這劣勢轉為優勢嗎？譬如找這通路的老代理商德記洋行？這點我要特別記下。（日後我也真的提出這點跟公司建議不要找統一經銷研磨咖啡，去跟德記合作起碼有個可靠的經銷商能給我們很多這通路的幫助，這就會是我們的優勢而非劣勢了。事實上我們真的有去談且都談的差不多了，但統一高層知道後不希望我們這麼做，還是找統一的 HBR 系統。事後也證明，統一確實不會賣研磨咖啡！）

所以這四點劣勢我總歸到一點，那就是「經銷商經驗不足」，但我會專門針對這點提出一個改善方案來扭轉局面（如上段所述）。

第五項的「資源不夠」這點，我原先想的是行銷預算，但後來一想應該把「資源」界定清楚才是。先說預算吧，公司跟我說過，第一年的

行銷預算就台幣 300 萬，也不要求賺錢，打平就好。因為進口成本跟市場價格行情有個初步打探，成本不是很高。既然目標也不高，又不需要大打廣告，那我到底需要多少資源（預算）呢？300 萬低嗎？搞不好還用不完呢！可如果把資源界定成「能幹的銷售團隊」，那我確實沒有；可這點又跟剛才所列的「經銷商經驗不足」是同一件事，那就不要說兩個，他們其實就是同一個劣勢。

「沒有豆子選」跟「（供應）品類單一」是指兩件事，而這確實是要做餐飲市場的劣勢。但這又讓我聯想到目前雖說有三種口味可以供應，但這夠嗎？研磨的這三種口味，在走訪幾家咖啡廳與連鎖餐廳後，綜合口味那種評價還好，但巴西與哥倫比亞豆就評價不一。是否連口味也是劣勢之一，可能就非得拜訪過夠多的客戶後才能下定論。

「沒餐飲通路經驗」與「其他供應商客戶關係比我們強」這兩點，第一點剛才在談優勢時已經自承這的確是劣勢，而這不單對統一是劣勢，也是我們公司自己的劣勢。而「客戶關係」，因為這是全新的通路與客戶，我們沒任何背景也不會有自己的業務團隊，只能依靠所合作的代理商。所以這兩個在目前來說肯定是劣勢。

重新思考後，劣勢明顯地多於優勢。但即使有劣勢，難道我不應該想個對策轉為優勢嗎？

又得出一個體悟：

■ **SWOT 分析是應該點出行動方向的。**

❸ 這些機會都是我的嗎？

檢視完自己，現在再來看外部環境。

　　整個大環境一片大好。經濟好、工作機會多、所得上升，連政治也熱鬧有趣。觀察當時整個政治、經濟、社會、文化以及競爭態勢，於是我得出圖表 2-1 中我想的五個機會。

　　不知怎麼搞的，本應放假的日子而我卻在加班，照說應該很鬱卒，可實際上我卻鬥志高昂，腦筋裡特別想跟自己玩玩 Case Study，於是我又來了。

　　「機會」這名詞跟定義，照說是應該屬於我（們）的、是我能掌握的或起碼是我能做點什麼事而會對我有益，只是越往後面講這機會利益似乎越渺小。前面所舉的四個機會看似不錯，可是這不是麥斯威爾所獨有的啊？前三個（西化傾向、接受西方飲食、所得提高）應該是所有跟這三個沾上邊的產業都有機會啊！其他像是西餐廳、牛排館與剛興起的西式速食店也都很有機會啊。那既然有那麼多業者都可利用這機會，憑什麼我武斷地認為消費者只會來消費咖啡而不去吃牛排？再想更深入，這機會對我們的對手雀巢與摩卡不也同樣適用？喔，修正一下，現在是研磨咖啡。所以對所有咖啡豆進口商來說，他們也有機會啊！那這還能算是「我們的機會」嗎？這說法有問題，不能這樣寬鬆定義，應該要確實評估起碼是屬於本產業、最好是**自己能獨家掌握的**才能歸到（我們的）機會裡去。

　　第四個機會「咖啡關稅下降」就清楚多了。所有咖啡進口商都同享成本下降的機會利益，至於會回饋多少給顧客、消費者，那是各家的決策，姑且是個成本降低機會，但同樣的，對手也享有這個機會。

　　至於最後一個「咖啡廳及餐飲通路市場大」這點，只能說有市場規模，但嚴格來說也不是屬於麥斯威爾專享的。

思路確實清晰很多。但結論卻是：沒有實質的機會給我，只有不錯的潛在市場。而這就要靠整個團隊（包括代理商團隊以及我們自己做行銷的）是否有本事攻下而定了。

心得再加一條：

■ 「機會」的定義應該嚴謹，必須對自己有最大的獨占機率，方可視為機會存在。

❹ 面對威脅我該做什麼？

剩下最後一塊「威脅」了。

有了前面 S、W 跟 O 的重新認識，對威脅的看法就更一目了然。

「供應商多」是威脅？的確，且他們比我們更有經驗，與客戶的關係也更好。

「關稅高」是威脅？剛才說關稅下降是機會，現在又說關稅高是個威脅，一件事情不可能同時是好又是壞，只能選一邊。且就算關稅高是經營威脅，這也是大家同體適用，我何必一個人（麥斯威爾）擔這個心？

「對健康顧慮」所指的是咖啡因。依照同樣邏輯，我也可把這項忽略不理，因為所有咖啡都有咖啡因，且茶葉也含咖啡因，既然大家都躲不掉，我也沒必要獨嚇自己。但再仔細一想，我還是保留它，原因是：對整體咖啡市場的推廣，如果消費者對咖啡因的顧慮很難消除，那對業者來說這始終會是障礙。為了謹慎起見，保留這點威脅就當作提醒自己吧，但沒必要做誇大對待也不必採取什麼對策。

重新修正 SWOT

經過這樣分析，之前圖表 2-1 的內容就被我大幅修改成圖表 2-3：

S 優勢	W 劣勢
■ 品牌知名度夠	■ 不熟悉 AFH 市場
	■ 經銷商經驗不足
	■ 沒客戶關係
	■ 沒有豆子給客戶選擇
	■ 供應品項單一（只有咖啡）
O 機會	**T 威脅**
■ 研磨咖啡潛在市場大	■ 供應商多
■ 關稅下降、成本降低	■ 消費者對咖啡因的顧慮

圖表 2-3：麥斯威爾研磨咖啡 SWOT 修正分析

會得出圖表 2-3 的修改結果，是由於深入分析思考後得到的一些啟發，於是我把這些心得也整理出來看看是否有什麼地方還可以再做修正的。

對 SWOT 的嚴謹定義

傳統 SWOT 分析只是簡單地做做內部自我評估以及觀察、監測外部環境有何機會與威脅。但起碼還是要加上以下這些備註才更容易理解。備註如圖表 2-4：

項　目	備　註
就整體 SWOT 分析	■ 以市場區隔做基礎才合適 ■ SWOT 分析是應該點出行動方向的
對「優、劣勢」的修正	■ 不要把公司或是品牌的優劣勢放在所有新舊品項上 ■ 優劣勢是對比出來的，不適合放在全市場
對「機會」的認定	■ 「機會」的定義應該嚴謹，必須對自己有最大的獨占機率的，方可視為機會存在
對「威脅」的認定	■ 「威脅」的定義也應該嚴謹，唯有立即且明顯危及企業當前利益的，方可視為威脅 ■ 潛在的威脅可以列入，但不急著投入企業資源去應對。關注的時機與應變必須視情境而定

圖表 2-4：對 SWOT 分析的備註說明

02　茅塞頓開，修正 SWOT 表

　　寫到這，眼睛一直瞪著圖表 2-4 看。看的越久，越覺得 2-4 的所有內容都往一個方向集中，那就是：**要找到同區隔的競爭對手做對比！** 因為唯有如此，比較的基礎才相當，優劣勢才真的能突顯而非孤芳自賞或自怨自哀。唯有找到匹敵的對手，才能更清楚地認識並分辨出：到底誰能掌握更多與更好的機會；到底誰才會遭逢更大的威脅與更大的困境。

　　我立即動手拿手邊不用的報表紙用手繪的方式畫畫，看怎樣才能把 SWOT 要嚴加定義的內容涵蓋進去，且要能在一張圖上呈現出來才是完美的。

✔ SWOT PK-1

　　修正的 SWOT 表，最要表達的新意是要把競爭對手涵蓋進來而不是只想自己有什麼 SWOT。所以剛開始塗鴉時想到的就是對比：PK。看自己與對手相比較、相抗衡的結果會是如何。筆者畫了幾個版本後認為有個還不錯，如圖表 2-5：

　　圖表 2-5 只是先直觀地做 SWOT 一對一的比較，試圖看看優勢相比後誰的優勢更強。但馬上想到，「劣勢與劣勢比看誰更有劣勢」，這

觀念立刻就發覺不對勁。起碼在說起來時就不太順。什麼叫「劣勢與劣勢比看誰更劣？」是力量更弱小？那比出來之後代表什麼意義？譬如我們有個劣勢，但跟對手比後我們還比他們好點，那不是變成「相對優勢」了嗎？意思不太通。還有個問題，通常市場裡就算是找個區隔做組內比較，也很可能組內有很多競爭者，那要如何表達這點呢？

我們的				對手的	
優 勢 Strength					優 勢 Strength
劣 勢 Weakness		VS.			劣 勢 Weakness
機 會 Opportunity					機 會 Opportunity
威 脅 Threat					威 脅 Threat

圖表 2-5：SWOT PK-1

圖表 2-5 在第二關劣勢的比較就出現矛盾，那機會與威脅就不必比了。於是先把這擱到一邊，再畫新的試試。

SWOT PK-2

我把圖表 2-5 做了幾處更動，看有沒有什麼突破的機會點。

■ 首先畫個矩陣，把自己跟競爭者放到 X 與 Y 軸上。（這其實是
學許多企管理論常見的矩陣模型而想到的。）

■ 其次，既然要跟對手相比，那在標示兩個軸時應該定義自己的
SWOT 與對手的 SWOT。

■ 第三，所謂對手應該是指主對手，而不是把每一個對手都放進來
比。

把這三個新想法提出來，再把圖表重新繪製，於是得到第二個修正
版，如圖表 2-6：

自己 / 主對手	優勢 Strength	劣勢 Weakness	機會 Opportunity	威脅 Threat
優勢 Strength				
劣勢 Weakness				
機會 Opportunity				
威脅 Threat				

圖表 2-6：SWOT PK-2

當時我做完圖表 2-6 時，不到一分鐘我就立刻豁然開朗了。主對手的 S、W、O、T 順序不該由上而下，因為會發生跟圖表 2-5 同樣的矛盾。但我靈光一閃，腦中自動把對手的 S、W、O、T 順序顛倒，整張圖的意義就完全是個嶄新面貌，請看圖表 2-7，我將它命名為「JC SWOT」。

自己 主對手	優 勢 Strength	劣 勢 Weakness	機 會 Opportunity	威 脅 Threat
威 脅 Threat	S			
機 會 Opportunity		W		
劣 勢 Weakness			O	
優 勢 Strength				T

圖表 2-7：JC SWOT

讀者在這裡可以比較一下，JC SWOT 和管理文獻中 TOWS 分析法也被稱為倒 SWOT 分析法的異同之處。TOWS 分析法其順序與 SWOT 分析法恰好相反，首先是分析市場的機會和威脅，再來分析企業的優勢和劣勢，進而進行 SO、WO、ST、WT 配對分析。它的理由是，人們在制定競爭策略的時候首先需要關注的往往不是自己，而是市場，所以

先確認市場機會，然後根據企業的優勢來判斷企業是否能夠把握機會，以及是否能夠避免市場上存在的威脅，如此方更具有實用性。但是 TO 又從哪裡來呢？ 傳統的 TOWS 依然隱晦不清！接下來，就讓我的方法來告訴你，切換一個視角，不再水仙般只看著自己的 SW，要能有看懂賽局般的腦袋迴圈，讓你聚焦在真正對手的表現。

JC SWOT 分析法

✔ JC SWOT 圖形意義

JC SWOT 的圖形描述跟傳統版本相比有很大的不同，或說是改進吧，它既選擇了主競爭對手作實質意義的比較而非自我感覺的陳述，它也能讓繪圖者知道真正市場上的機會與威脅來自何處。

 主對手的選取

首先，SWOT 既然要考慮優劣勢，而這兩點是不比不知道真正答案的，比傳統「企業內部自我評估」這說法顯然嚴謹許多。

同時，對手一定要選自同一區隔，不然毫無比較基礎。再進一步，既然是 PK，選誰 PK 才有意義？選個比自己弱的？譬如在同一市場區隔裡第二名的去選第三名來比？如在即溶咖啡市場，麥斯威爾去選摩卡作主對手嗎？當然不是。一定是選雀巢，也就是要選比自己強的，這樣比才有改進的空間可以發揮。那換成摩卡咖啡來做他的 SWOT，他要選誰？他應該選距離最近的強者來比，這樣才容易安排資源逐步趕上。如果一下子就選市場領導者來對比，因為差距太大，顯得樣樣不如領導者、樣樣都要找資源彌補（多半如此才會排到第三、第四去），會讓第三名的企業（以及更後面的第四或第五名）不知如何安排優先次序。因此，

主對手的標準就應該是：「比自己強，但只強一級的競爭者做主對手」。

② 矩陣對角線的選擇

　　傳統SWOT的內容是審視內外狀況後把「自己認為」的S、W、O、T給填上，就像我在圖表2-1所做的一樣。這一步我也認為沒問題。現在把對手放進來，目的是要做一評比、篩選的動作，因為「自認有的」S、W、O、T內容可能有很多，但一旦出現個對手幫你做個阻擋，一些看似成立的優勢其實不成立，一些劣勢也不必恐慌；表面上機會是很多，但真的是你能發揮運用的可能沒有；威脅的道理也如是。有了競爭者做比較，許多不夠紮實跟充分掌握的項目就被掃除。以圖形來解釋就是，一個原先是4x4的矩陣（有16格），在經過篩選後剩下4格（數量的減少是最大意義，而非一定是減去12格的內容），如圖表2-7從左上到右下的對角線交叉格。這兩兩交集的內容才是自己真正的SWOT。

③ 白話文解釋

　　我們先用白話文來解釋為何只有對角線交叉的位置才是要保留的，讀者聽聽看成不成立。因為一家企業或品牌真正的SWOT一定隱含幾個意義：

- 我方如有優勢，一定會給對手帶來威脅（這是對手看他競爭環境的角度；因為若是威脅同具迫切性，表示對誰也不會有優勢可言，也大可不必過分重視。而若一方能抗拒威脅，自有相當的優勢可以阻擋或避開）

- 我方如有劣勢，一定會給對手帶來可趁之機（對手是否能利用環境機會，也一定是經判斷後我們力有未逮，他才能利用發揮啊！）

同理：

■ 如有機會為我方所用，這一定是對手的罩門，他的劣勢，他欠缺資源！

■ 我方若有威脅出現或存在，一定是對手（最）強的地方，亦即他的優勢所在。

 立即應用

當 JC SWOT 出來後，筆者頗感興奮，於是立刻把剛才疑惑之處的圖表拿出來重新檢視，看是否站得住腳。我先做麥斯威爾即溶咖啡的 SWOT，請參見圖表 2-8：

雀巢 ＼ 麥斯威爾	優 勢 Strength	劣 勢 Weakness	機 會 Opportunity	威 脅 Threat
威 脅 Threat	孫越＋品牌			
機 會 Opportunity		經銷商弱 南台灣通路弱	接受西方飲食 所得提高 關稅下降	
劣 勢 Weakness			公益行銷	咖啡因顧慮
優 勢 Strength	品牌知名度 廣告好 通路支持			消費者喜歡 苦味豆子

圖表 2-8：麥斯威爾即溶咖啡的 JC SWOT 表

❶ 麥斯威爾真正的優勢

麥斯威爾自己想當然會認為有很多優勢，不然也不會立刻竄升到市場第二位且緊追著領導者不放。而最令麥斯威爾驕傲的是，那時有一家雜誌每年都會做消費者心目中的理想品牌調查。在即溶咖啡領域，麥斯威爾已經蟬連幾次榜首，所以品牌形象當然會是優勢。其他如廣告、通路的支持等也應該是優勢。這就是傳統 SWOT 的邏輯。（如圖表 2-8，麥斯威爾可以把自己的優勢先隨便放在空格上。）

現在我們把 JC SWOT 放進原來架構，把主對手選定雀巢，那原先麥斯威爾自認的優勢「品牌知名度、廣告好與通路支持」這三項其實跟對手一比是很難說誰勝過誰的，這就是優勢 PK 優勢後的結論：雙方如果勢均力敵（都是優勢），則在互評之下不能說誰還佔有優勢。（但肯定比第三、第四名優。）

一對比之後，麥斯威爾發現，他唯一的優勢只剩下「孫越」這代言人的品牌外溢效果，而這點既是由孫越所帶來的廣大社會正面形象與衍伸出的媒體效果，又恰恰是雀巢欠缺的，因此，只要孫越繼續做公益活動，麥斯威爾根本不必花廣告費就能得到免費宣傳，這站在雀巢的角度看不正是雀巢最大的威脅嗎？因為這威脅每天存在、日日累積，深深烙印在消費者腦海裡，但雀巢卻無法採取任何行動！

❷ 麥斯威爾的劣勢

麥斯威爾原先自認有許多優勢，想當然它的劣勢本就不多。這裡選的兩個「經銷商弱、南台灣弱」看看對比雀巢後有何啟發。

會有這兩項劣勢，是經由實際訪查多次，從商品陳列到 POP 促銷

物的張貼再到缺貨情況常發生等而得出的實際結論。對比之下，雀巢都比麥斯威爾好很多，所以雀巢絕對應該利用這機會把零售通路的貨架給占滿，並把陳列物貼得密密實實的，反正統一業務員也不怎麼積極，雀巢做這些事肯定不難。這不就是雀巢看到競爭者的劣勢而可以善用的機會嗎？

　　第二個劣勢「南台灣通路弱」，其道理跟經銷商的問題如出一轍。所以這兩點剛好是雀巢可多加利用來攻擊麥斯威爾的機會。放到「劣勢＋機會」交集這格毫無疑慮。

❸ 麥斯威爾的機會

　　說到麥斯威爾的機會點，如果麥斯威爾認為「接受西方飲食、所得提高與關稅下降」都是外部市場出現的機會（這樣的觀念也就是筆者常看到兩岸企業人士常拿來說的論調），但這三個機會對咖啡市場所有業者都一體適用，這是大家的機會，只能放到「機會＋機會」這格。我不否認這三件事對咖啡業者來說是正面機會，但卻絕不能說「這是我們的機會」！

　　前面在比較「優勢」時，只留下一個「孫越（代言人品牌效應）」，麥斯威爾應善用這機會點（在那時的台灣社會大眾很願意支持公益活動），所以公益行銷模式可用來發揮最大效益，又打到雀巢的痛處，這起碼是明顯可見的機會。

❹ 麥斯威爾的威脅

　　最後來檢視麥斯威爾的威脅。先看「咖啡因的威脅」。由於這是所有咖啡（以及茶葉）都有的，且咖啡最不利，從名稱上就聯想到。但這

點可說是大家的先天劣勢／威脅，所以凡是屬於全體都共蒙其害的，我就說太擔心也不必，因為無法採取什麼對策。（如果讀者想到出個無咖啡因咖啡是否是機會？其實麥斯威爾與雀巢都有這產品，但他們應該屬於無咖啡因這區隔更合適。還有一點，無咖啡因咖啡的口味不如其他咖啡，這是市場上多數的反饋。）

說到口味，倒是提醒了我一件，就是這兩個牌子在口味上確實有差異。

我們做過幾次調查，部分消費者覺得麥斯威爾咖啡味道偏酸，而恰巧酸味是他們不喜歡的，因為即使加了奶精跟糖還是會有酸味，而奶精加多了就把咖啡味道給沖淡了！雀巢呢？多數消費者認為它偏苦，但消費者就能接受，因為他們內心已經接受「咖啡有苦味，是苦的飲料」，怕苦就加奶精跟糖來沖淡就好。

想到這，其實這是麥斯威爾的威脅之一，因為市場上的消費者不習慣這口味，所以未來的成長一定會有阻力。反觀雀巢卻能避掉，甚至雀巢就直接強調這是「真正的咖啡原味」，把它的苦變成訴求優勢，麥斯威爾一定叫苦連天！

✔ JC SWOT 模型應注意事項

天都黑了。看來這個端午節要待到晚上了。

我繼續反思我所寫的，想想這模型可能有兩點要提醒。

① 要一個個比，工程難免浩大

如果競爭者多，而大家還無法明顯分出勝負，譬如都是屬於產品生命週期進入階段，那做 SWOT 分析就應該要一個一個比才合適，因此這項工作不會是輕鬆的。但我也篤信，經過這樣細膩的分析與評估，知己知彼這件事肯定能達成，這也是了解市場與對手的本分工作啊。

② 有時會有語意上的模糊

因為我也是突然想到該這麼做補充與應用，雖說興奮無比，但是否真的那麼實用，以及用起來是否會有語意上的模糊而分不清優勢與機會的分野、劣勢與威脅的區別，我對這其實還沒充分把握。畢竟這模型才誕生不到半天時間。

要知道 JC SWOT 是否真是突破傳統的說法且能給大眾帶來實際幫助，只能以實際應用來不斷檢驗其是否是真正的好創見。

Chapter 3

試劍——
臺灣登琪爾SPA
逆轉勝之關鍵

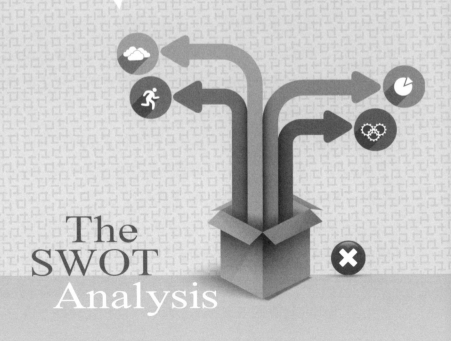

The
SWOT
Analysis

01 登琪爾 SPA 的困境

　　我會從事顧問、講師，也姑且算個作家吧，這一行，應該多虧了登琪爾 SPA 這家企業，讓我戲說從頭。

　　約在 1997 年左右，台灣突然就刮起一股針對女性消費者的瘦身美容旋風。那幾年的高峰期，整個產業的廣告投放量竟然躍登第一名，超過了一直領先的汽車與房地產業。幾家業者，像是「媚登峰」、「菲夢絲」、「最佳女主角」等，旗下連鎖店真的就像雨後春筍一樣憑空就開設幾十家，每家都強調塑身、美容、減重，好像台灣每位女性身材都不好似的。不斷轟炸的結果，這些有廣告的企業規模越做越大，逼得原先一些小規模、社區型的減肥或是美容沙龍節節敗退！而登琪爾就是當時碰上逆境的一家。

　　記得那是 1998 年，在朋友介紹下與登琪爾企業負責人及經營團隊有個會面。當時他們的名片就是打登琪爾 SPA，想不到後來讓我成為台灣最懂 SPA 行業的男性中的前三名。

　　登琪爾當時在全台灣共有九家店，包括直營與加盟，原先就是走一般女性減肥、美容、按摩等的服務內容，改走 SPA 路線還是近兩個月原先負責人的女兒從加拿大回台灣帶來的轉變。

　　登琪爾在台北的三家店都是直營，掌控比較好，這三家已經開始提

供一些新的也就是國外 SPA 基本會有的服務項目,像是有健身教練帶會員先做有氧運動,讓妳先出一身汗再讓會員梳洗一番,然後看會員今天想做什麼特別的服務,如臉部按摩、肩頸按摩、肌膚保養,以及一些身體各部位的抒壓。在進行這些服務的同時都是在隱密空間,也會提供足部的舒緩,還有最特殊的——讓你挑選你想聽的音樂。當然,這些音樂都是輕音樂,還都有主題,像是以大海的海浪聲、森林的寂靜、各種鳥類的吟唱等。不但如此,他們也有非常多的植物精油,既能做芳香氣氛的營造,也可拿來按摩身體各部位。在這體貼、寧靜、獨享空間、有專人呵護、極致體驗的過程中,很容易讓會員放鬆並享受這一切。做完這些體驗,如果不急著走,也有一塊區域給會員看看書報雜誌、聽聽音樂,會員還可以來一份健康的沙拉或是現榨果汁,整個過程會讓女性有備受呵護的感覺,這就是登琪爾想塑造的 SPA 風格。

雖說有這個理想,想把國外開始流行的 SPA 風潮帶進台灣,偏遇上大環境猛打雕塑、塑身、減重這些訴求,讓登琪爾的聲音無從體現,就營業績效來看也在走下坡。這就是當時登琪爾遇到的困境,於是他們找上我,想看看我有無良策。

02 從區隔市場開始

　　聽完他們的敘述，直覺就是想把這當成一個個案分析，看看我這從沒接觸女性行業的男生會有什麼創見。第一個進入腦中我想到的是看看總體市場有無區隔機會成立。而要找出這答案，我跟她們說有兩個方案可以選擇：一、花個台幣一百萬上下做個量化調查，答案就知分曉，且對消費者的態度與消費行為能有個完整了解。（看她們默不作聲，我接著說）第二方案呢，就花個 1,500 元，把所有這段期間業者的廣告片拷一卷，讓我仔細看看有無機會。（讀者你們猜她們選哪個方案？）

　　你們猜對了。（其實你們也會這樣選不是嗎？別說人家。）

 市場區隔

　　我先從收集次級資料開始，包括平面廣告、新聞報導，且親自到各業者營業場所進行拜訪並帶回他們製作的說明資料等。在拿到一份全業者的廣告片後就開始做功課。

　　我一邊看資料、一邊自己腦力激盪，想想這些女性顧客為何要去這些地方？她們想得到什麼？圖表 3-1 是個人猜測及看業者的廣告訴求後找出可能的消費動機：

項　目	內　容
女性消費者去瘦身美容中心的消費動機、目的	■ 給我美麗
	■ 讓我瘦
	■ 帶給我健康
	■ 讓我雕塑身材
	■ 讓我想瘦哪就瘦哪
	■ 服務很好
	■ 廣告訴求打動我
	■ 價錢合宜
	■ 地點適中
	■ 美容設備很好
	■ 現場裝潢很好
	■ 氣氛很好
	■ 產品很好
	■ 場地寬敞
	■ 它有獨自的貴賓室

圖表 3-1：女性消費者去瘦身中心可能的消費動機

❶ 因素分析

　　假設有張因素解釋水準表且按照各變數的相關性依次組合並排列（多變量的因素分析法），也就是進行縮減變數的工程，得出新的變數群，假設如圖表 3-2 所顯示的（說明：這是筆者用手工版思考而得，並沒有做任何市場調查）：

項 目	因素分析假設結果
女性消費者去瘦身美容中心的消費動機、目的之因素分析	■ 瘦身、雕塑身材、想瘦哪就瘦哪 ■ 美麗 ■ 健康 ■ 廣告訴求 ■ 裝潢、設備好、獨立空間 ■ 價錢費用 ■ 服務 ■ 其他

圖表 3-2：女性消費動機之因素分析假設結果

繼續思考後，發現可以再次縮減變數數目。為何？因為不論是瘦身、塑身、全身或局部，都表示要的是「結果」——要得到消費者認為瘦的結果。至於美不美麗？各自認定。只要她認為瘦了、美了就行；而健不健康？則有個另外的市場——運動健康世界，不是同一競爭群。

「結果導向」這個觀點既然出現，表示「過程導向」就自然出現在軸（區隔變數）的對立面（語意分析法）。再假設另外一個區隔變數是廣告量，因為這行業的廣告支出太影響消費決定。因此市場區隔也許會是如下頁圖（圖表 3-3）：

❷ 市場區隔圖

我會這麼做其實最大的用意是：把市場一分為二，所有做瘦身、美容、減重的都歸到一塊（A＋B），然後獨創一個新區隔（C＋D），就是 SPA ——以消費過程做區隔的女性健美中心。其實根本不要費力去說這麼一長串，也根本不去解釋什麼叫 SPA，這塊市場就叫 SPA，就

讓登琪爾先牢牢佔據這塊新市場。

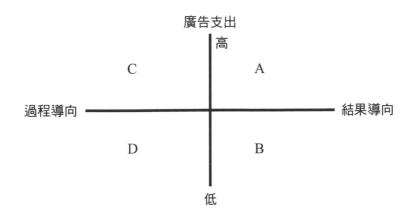

圖表 3-3：瘦身美容業市場區隔圖

 ## JC SWOT 試劍

有了市場區隔圖，其實就是有市場野心。但這麼做成功的機會有嗎？大嗎？我拿出我當年的發明──「JC SWOT」先來評估看看是否可行。

在選定對手時，我自己也徬徨許久。當時市場上以 SPA 做訴求的除了登琪爾外，還有一家「肯夢」，但規模也不大。我親自去試做兩次，感覺很好，但場地很小，且要跟女性顧客做隔離，所以適合男顧客的時段有限。照我 JC SWOT 說法，登琪爾應該是跟肯夢作對比，但我仔細考慮後，放棄這想法，而是把所有這些以瘦身做訴求的都歸為登琪爾的對手，也就是看整體而不是個別。這麼做最大的理由就是：登琪爾不必擔心肯夢的存在，因為肯夢比登琪爾還小；登琪爾必須先求自己的生存。

而這一點主要決定於：一、**消費者這階段是否接受 SPA 觀念！？** 二、登琪爾有無資源做行銷訴求以在這麼激烈的市場夾縫中險中求生？所以 SWOT 的分析還是對抗整體才對。

我把圖表 3-4 做出來，跟客戶解釋為何要這麼做：

登琪爾 其他瘦身業者	優勢 Strength	劣勢 Weakness	機會 Opportunity	威脅 Threat
威脅 Threat	SPA 訴求			
機會 Opportunity		資源不夠		
劣勢 Weakness			不願意被物化 的女性	
優勢 Strength				市場不接受

圖表 3-4：登琪爾 SPA 的 JC SWOT

❶ 如何把 SPA 訴求當作唯一優勢？

登琪爾沒有優勢。但卻要把 SPA 的訴求當作優勢來重新經營。整個策略從招牌到 LOGO，從裝潢到設備，以及服務人員的服裝、製作物、

產品包裝等等，通通以新的 CI 做定位，也就是徹徹底底的「**差異化**」。要把每一家店給客人的感受徹底 SPA 化，讓曾經去消費過、比較過（這是很常遇到的顧客行為）的消費者知道我們不是要他們掏錢買一大堆減肥機器、減重療程、減肥產品……等這些（這在當時是經常發生這些打著瘦身招牌的業者跟顧客發生糾紛的原因），我們是要給消費者「SPA 的體驗」。只要有機會介紹，就一定要強調整個流程是個人訂製的，是讓她們來放鬆自己，不知不覺醒來一樣會瘦。我們還要把服務人員重新訓練過，讓他們給人 SPA 的感覺，讓客人一進來就能感受出我們跟其他業者是完全不同的風格。這就是登琪爾 SPA 的優勢。

❷ 自承資源不夠

登琪爾沒那麼多預算跟其他對手比，資源是我們的弱項。但我們還要擠出點預算做更精準的行銷動作，如專業國際女性雜誌、找出特定族群（像是國中、小女老師）做直效行銷（Direct Marketing）。因此，區隔的選擇至關重要。

❸ 找出對的目標消費者做訴求

登琪爾的機會在逆勢操作，就是別人怎麼做，登琪爾就反其道而行。如果這些瘦身業者不斷灌輸女性要有好身材才出得了門，那我們就大膽假設，一定有消費者不喜歡瘦身業者把女性給「物化」，好像雕塑身體都是給男人看的。一定有另外一群女性，因為工作壓力，希望能短暫放鬆，犒賞自己，做一次貴婦，享受被呵護的感覺，而且是身、心、靈的呵護。女性是自主的，她們不是要給男人看。她們要被呵護，但呵護是她們的選擇，是想要好好慰勞自己一下午，可以做做運動、水療、

做放鬆按摩、保養肌膚；做完後來一杯花茶、一份低脂簡餐、看看書報雜誌，或乾脆躺在陽光屋內，什麼都不做，就是要放鬆。不要再開會、不要在辦公室耍無聊的政治動作、不要再跟無聊的男客戶東拉西扯，她們要自己的空間。這種服務、這種體驗，就是 SPA。找出不願意被物化的女性，她們才是我們的 TA。也就是從**女為悅己者容**，進化到**女為己悅者容**，最後昇華為**女悅己容**。

❹ 不必在意大市場

最大的威脅就在賭市場接不接受我們，或是說有多少消費者會需要我們這樣的服務。對手肯定會持續大打廣告，但他們的消費糾紛也重重打擊他們，而這是我們一定要避免的。

登琪爾的規模也不大，只要適當的規模我們就能活得很好，然後把服務做好、把口碑做出來，女性消費群會幫我們帶來親朋好友的。持續下去，SPA 的訴求就會成功，而登琪爾就會是 SPA 領域的領導品牌。

我說完我的看法後，他們只問我一個問題：「你能來幫我們做嗎？」

我的顧問生涯於焉展開。

03 後續的行銷動作

　　越深入了解他們的營運模式，對 SPA 日後該如何在台灣持續深耕我也提出一些建議：

- 設計全新 CIS，尤其是「SPA」這個圖像要設計得有自己的風格。
- 全省各直營加盟店的招牌都應改換成「登琪爾 SPA」。
- 所有對外溝通媒介都要有標準 SPA 版本。
- 大力加強公關活動，與報紙記者、雜誌編輯密集溝通，傳遞 SPA 的理念、散播 SPA 的風潮。當然，一切推動都來自登琪爾。
- 辦一份會員刊物，加強與會員聯繫。
- 開設 SPA 商品專賣店
- 推動成立 SPA 協會，登琪爾為發起人。
- 拍一支廣告片，走電視廣告，但只走有線不走無線，有線也只鎖定特定幾個頻道、節目。
- 鎖定幾本國際版女性刊物，每期定期出現。
- 針對特定族群展開直效行銷活動，如學校女老師、信用卡卡友等。

　　上述這些建議，登琪爾基本上都做了，而她們的效益呢？遠見雜誌在 2003、2004 年有針對許多行業做品牌認知調查（大意如是），登琪爾榮登 SPA 領域第一名。

04 事後回溯

　　回憶起這段往事，我現在會把當時給客戶的提案做次序上以及內容上的更動，讓客戶從一開始就可預期他們會往何處去，以及這中間的過程又該如何走。基本上有四部分是一定會有的內容。

✔ 登琪爾 SPA 之隆中對

　　「隆中對」就是「現在的處境」、「該往何處去」以及「企業遠景」的結合。譬如我會這樣描述登琪爾這三部分（圖表 3-5）：

項目	內容
登琪爾 SPA 之隆中對	面對女性愛美意識的抬頭，現今業者多以「物化女性」做出發，他們強調的是減肥、抽脂、藥物以及低需求層次的聳動訴求來影響消費者。 登琪爾 SPA 雖然規模小，但在 SPA 領域我們卻有機會獨占一方。我們所要做的就是「差異化」，給他們極致的體驗：從硬體到軟體，把 SPA 的精神充分發揮。 SPA 不只是開直營店跟加盟店，日後還能跟高級飯店合作開 HOTEL SPA。且還可以做零售賣產品，一樣走直營跟加盟，更大力度推廣 SPA，讓登琪爾就是 SPA 的代名詞。

圖表 3-5：登琪爾 SPA 之隆中對

登琪爾 SPA 之價值曲線

用價值曲線來描述登琪爾前後會發生的轉變，很容易就能一窺究竟。

① 原先的價值曲線

圖表 3-6 中，我選了 **5 個在產業裡業者所強調和消費者所重視的價值**，分別是瘦身訴求、廣告（投放量）、業者規模、服務以及價錢費用。在縱軸上，7 分表示最高，1 分表示最低。

這 5 項價值裡面，前 3 項登琪爾與競爭者們有明顯差距。服務項目，因為當時競爭者並不強調服務人員的技術手法，且他們的會員在做療程時會有銷售人員在旁鼓吹多購買其他服務項目，給會員的感受很差。這點是登琪爾領先他們的。 費用方面，因為對手往往都強力推銷一大堆療程，所以總體入會費很高。登琪爾雖然也採會員制，但門檻相對低很多。

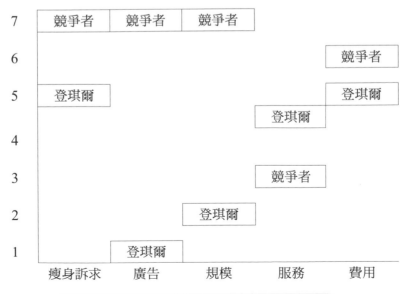

圖表 3-6：登琪爾 SPA 原先的價值曲線

② 策略改變的價值曲線

登琪爾要做轉型，轉型後最大的改變一樣用價值曲線來做對照。新的價值曲線如圖表 3-7。

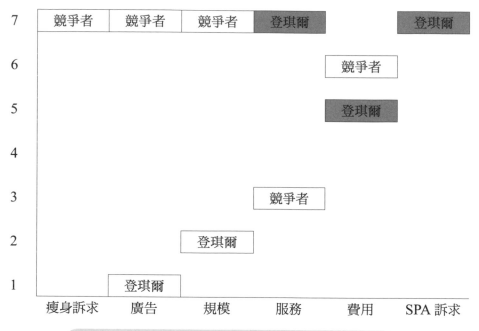

圖表 3-7：登琪爾 SPA 重定位後的價值曲線

登琪爾轉型首先就要先做到、做好兩件事：一、完全改採 SPA 訴求，而這是對手完全沒有的，趁此機會和對手們一切為二。

第二，要把服務做到更好，包括技術手法、服務態度以及銷售技巧等，要比原先更到位。

對比圖表 3-7 與 3-6 的不同，應可察覺出登琪爾可說是完全的重定位、再出發。

✅ 登琪爾 SPA 之 JC SWOT 分析

　　這時候，圖表 3-4 就派上用場了，拿來解釋這麼做是因為登琪爾擁有不多但卻是很棒的優勢；資源不夠所以更要也應該針對小眾市場去發展；掌握女性意識必有差異的一群，然後專心堅持地走下去。

✅ 登琪爾 SPA 之行銷計畫

　　多年的訓練告訴我，「隆中對」點出企業的方向與遠景；「價值曲線」讓我們重新創造或是提出我們的新主張使消費者知道他們其實還沒被滿足或是根本不知道市場上還有這麼好的價值產品或服務；JC SWOT 則讓我們清楚與（主要）對手（們）相比，我們還擁有與欠缺什麼，又能怎樣利用屬於「我們的」機會與避開或是知曉什麼才是「我們的」最大威脅，但我們已經準備好對策了，那就是「行銷計畫」。

　　關於後續登琪爾 SPA 該做哪些行銷活動已有敘述，這裡就不再重複。讀者到此也應該能理解，所謂行銷 4P 或說活動吧，它的位階僅此而已。沒有對企業做好明確的指引、點出生存的理由，是完全沒必要想什麼廣告或是促銷活動方案的。

　　當然，是否一定要按照筆者如上所寫所謂企業策略或是品牌計畫，完全是每個人各自發揮。先前本人就說過，SWOT 不是非寫不可，或許隆中對就可陳述清楚，也或許一個價值曲線就能告訴企業該採取什麼動作。企業在意的是活用、有用，這才是重點。

05 JC SWOT 的推廣路

　　想想也蠻有意思的。幾年前的加班讓我想出一個廣為應用的企管觀念其實還有很大的改進空間。又事隔幾個寒暑，當初的頓悟能讓我幫助一家瀕臨危機的企業反敗為勝。我就這樣走進另一個領域，當起顧問、培訓講師也兼著寫寫幾本書的人生道路。

　　多年下來，不論在台灣、在大陸，只要我在課堂中講到 SWOT 的部分，學員都驚訝他們確實沒把這觀念給理解透徹，但經過我的介紹與講解，他們都頗能體會出 JC SWOT 確實是個很好用的新版 SWOT。不論是新舊產品，如想快速找出真正的機會或是事後分析為何沒能成功，JC SWOT 都能給出一些啟發。讓我們繼續往下看。

Chapter **4**

封刀之作——
新品牌該怎麼用
JC SWOT？

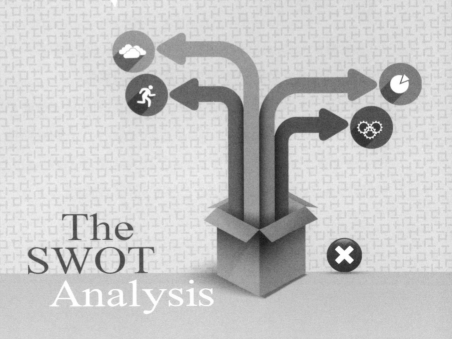

The
SWOT
Analysis

再次練劍——One Cup 品牌

2013 年 9 月，有幸前往大陸杭州九陽企業親自帶領一小團隊作一個新產品項目。跟九陽的淵源是在前幾年幫他們做過兩次產品經理內訓課程，由於很久沒親自操刀了，剛好九陽有這個新項目，因緣際會之下，我又重做馮婦，看看產品經理的功力是否還能在大陸市場發生作用。

 產品亮相

這產品在九陽已經研發三年之久，之前已經做了三場焦點團體訪談。我到的第一天下午就參加市調公司的彙報。

九陽在大陸專做廚房小家電，在豆漿機市場有高達 70% 的市占率。這新產品也跟豆漿有關，但它又不是一般放豆子的豆漿機，我看到它的第一眼就被它的造型吸引住，而它的名字暫時叫做「One Cup」，如圖表 4-1（圖片來源：天貓九陽 One Cup 官方旗艦店）：

圖表 4-1：One Cup 產品造型圖

　　一眼看到 One Cup 就覺得跟曾經見過的某個產品很像……對了，是雀巢做了多年的「膠囊咖啡機」，把研磨咖啡粉放在一小膠囊裡面，然後再把膠囊放到機器中，每次就做出一杯咖啡的量。九陽在大陸就等於是豆漿機的代名詞，這款新機器基本使用方式與道理跟膠囊咖啡機是相同的，只要輕輕一按鍵，不到一分鐘的時間（第一杯要一分鐘左右把水加熱，第二杯之後只要 30 秒），One Cup 就能做出一杯 205ml 的豆漿飲料（當時有好幾種口味在預備中，除了基本的原味豆漿外還有幾種用豆漿混合其他食材以及咖啡），還可以讓使用者選擇溫飲（60℃）或熱飲（80℃），省去傳統豆漿機預備豆子（先用冷水浸泡一晚後煮出來的豆漿會更好喝），再來就是二十多分鐘的煮豆漿時間（聲音吵得很），還有繁瑣的清理手續，就算當飲水機來用也很方便，這就是九陽的新產品：One Cup。

✔ 先前焦點訪談重點

當時會議室坐了很多人。有市場中心（Marketing Department）的成總經理，也是我的直屬上司；有負責產品開發事業部的周總經理；兩位台灣顧問，一位是九陽合作多年的，負責許多工作，也參與 One Cup 的計畫，其實這位顧問也是 One Cup 催生者之一，且日後還參與 One Cup 許多工作；再一位顧問是負責這些口味的開發與其他食材的引進，跟 One Cup 接觸僅止於此。另兩位九陽同事是日後跟我密切作業的夥伴，一位是產品經理，一位是推廣經理。上海的品牌諮詢公司來了三位，他們要把先前在天津、上海跟廣州三場焦點訪談的重點做個報告。

由於之前他們已經做了些前期工作，所以這次報告內容頗多，我才剛下飛機，還沒回過來神，只得趕快做做筆記看他們做到什麼進度。重點如下（圖表 4-2）

問　題	訪談結果
產品造型	很喜歡
產品顏色偏好順序	香檳金、薄荷綠（但薄荷綠也很多人喜歡）
產品使用心得	■ 非常方便 ■ 不必像傳統豆漿機那麼麻煩 ■ 低噪音
產品名稱：「隨飲機」	不理解，像是開水機
口味（拿了 6 種測試）	■ 原味豆漿最好 ■ 拿鐵咖啡也不錯 ■ 其他的各有偏好，沒有特別不好的
飲品的命名	■ 「隨行杯」還行 ■ 「隨飲杯」也差不多
機器的售價	人民幣 400 ～ 800 元之間

飲品的售價	每杯人民幣 2 ～ 3 元之間
男女差異	女性明顯偏好
	（男性也不是不喜歡就是）
年齡層分布	25 歲～ 45 歲之間
職業背景	一般白領
月所得	人民幣 5,000 ～ 10,000 之間

圖表 4-2：One Cup 焦點訪談重要點

 後續調研

基於這些消費者反饋，有關這機器的命名、售價、口味的選擇以及經銷通路等，按原先計畫是緊接著做量化調查。調查計畫會儘快提出來給九陽確認。

 初步心得

看完產品演示，又聽完諮詢公司的報告，我對 One Cup 日後可行的經營模式就只有一個看法：**快速普及機器，靠耗材賺錢**。也就是只要把許多的母雞放到家家戶戶，我們就等著下蛋了。

目前市場上沒有同款產品，九陽是大陸第一家做這個的。雀巢雖有膠囊咖啡機，但只能做咖啡，而九陽這款還是以豆漿為主。消費者如要飲用這種型式的豆漿，就必須兩者配套使用。沒機器，飲品沒地方用；機器銷售得少，耗材量也只會少。從我過去賣消費品的經驗，立刻想到的是只有趕快把量衝出來，成本才會下降，才能享受到規模經濟的好處。

除此之外，我想像的是，One Cup 其實更主要是在賣**生活方式**。我親身經驗就體會出（我在台灣也買了九陽的豆漿機）傳統豆漿機事前準備麻煩、噪音吵人、清洗費勁，一次煮一大壺（起碼一公升），喝不完倒掉多可惜，且每次煮的口味只有一種，家人如想喝別的口味還不行。One Cup 隨時想喝就可隨時做一杯，且太方便了，它不只是傳統搭配早餐的飲料，隨時、隨處（家裡跟辦公場所）想喝就喝，口味多，可以讓消費者有許多選擇。

還有，One Cup 是全新的飲用方式，一定要給**消費者試飲**他們才知道這是什麼樣的產品。關於食品安全，兩岸的惡例層出不窮，給消費者安心的保證也是必須的，幸好九陽在大陸是知名且可信賴的品牌，且九陽也有個「陽光豆坊」品牌專門賣黃豆，所以這點應該不會是什麼威脅。

初步心得如此，再把現有資料消化，然後做出傳統 SWOT 圖（積習難改；見圖表 4-3），接下來就是要趕快驗證這想法。

S	W
■ 使用方便 ■ 營養、健康（非基因改造大豆） ■ 不添加色素、防腐劑 ■ 市場第一家、沒競爭對手 ■ 時尚感 ■ 九陽背書	■ 整體價錢負擔 ■ 保鮮期六個月
O	**T**
■ 全新市場 ■ 市場潛力大	■ 消費者不買單（接受度低）

圖表 4-3：One Cup 的 SWOT 分析

One Cup 上市前的準備

補課

緊接著，我必須儘快補課才能融入現狀，及時知道該怎麼做。

❶ 九陽營銷與銷售體系

★ 組織圖

九陽組織龐大，與 One Cup 相關的幾個重要部門描述如圖表 4-4。

One Cup 隸屬於市場中心，單獨成立一項目組，成員就是我以及各一位的產品經理與推廣經理。

九陽的市場中心採產品經理制，一切產品的發起都由產品經理開頭。但市場中心又有一個品牌傳播部，把品牌傳播、廣告、媒體計畫跟媒體購買等拉出來不由產品經理負責。一些實體店的現場促銷與推廣活動是由推廣部門做，其他各地區的銷售單位也會做當地的推廣活動。

在銷售上，九陽是走經銷商制。傳統銷售通路（實體零售點）分為重要客戶（所謂的 KA 客戶，一般就是全國連鎖系統）以及全國各地的分銷商到零售點。在大範圍內又分幾個大區，轄下管幾個省市。

近幾年由於中國的電子商務抬頭，尤其是淘寶（旗下又有天貓）、

京東、亞馬遜、1 號店，還有許多以小家電為主的許多網購公司興起，這些都屬於九陽的「電商（電子商務）」通路。九陽也找了一家有實力的電商公司（在上海）做為九陽的旗艦店，新品首度在網上發售（首發）或是重點產品、重點促銷項目等等，都會由旗艦店先做。性質不同，但功能跟傳統通路還是一樣，就是做銷售。電商也有 KA，就是淘寶天貓跟京東，這兩家電商就占了九陽電商的七成銷售量。

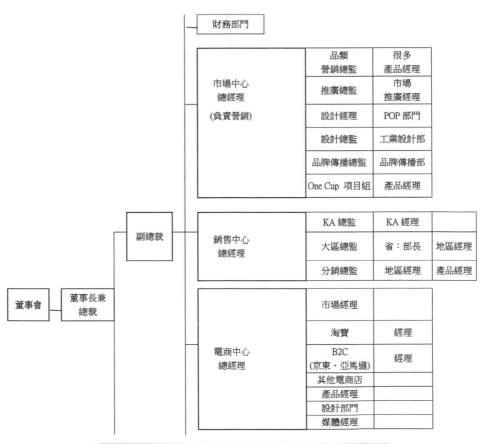

圖表 4-4：九陽 One Cup 相關部分組織圖

❷ 生產製造

One Cup 的機器研發有專責單位負責，但生產單位只做組裝，所需的零部件都由外包廠商生產給九陽組裝。其他九陽產品也是這麼做的。至於飲品部分，豆子的原料來自東北佳木斯北大荒一家企業提供，收成後再交給當地一家日資企業製成漿，然後用噴霧乾燥法成為粉狀，這是基本的豆漿粉原料來源。把半成品運到杭州九陽廠區依口味差異再做混合而成為不同口味。因為要形成可溶解的粉狀物，所以必須添加糖份在裡面。

❸ 一般豆漿機使用行為

One Cup 畢竟是以豆漿做主飲品訴求，所以大陸消費者的豆漿機使用行為我也請教了其他負責的同事。

★ 對豆漿機的使用概況

豆漿機的使用行為有幾個明顯特點（圖表 4-5）：

豆漿機使用體驗	消費者反饋
最不滿意點	不方便 （噪音大、料理時間長、清洗麻煩）
平均使用次數	每週 1～2 次
使用者	家裡如有長輩（母親），則多是母親煮給家人飲用（這指的是二、三代同堂，年長的母親；一般小家庭中，年輕的母親多半要工作，沒時間打豆漿，除非週末）
飲用時機	早上時段，當早餐飲品
平均更換週期	6～7 年更換（使用壽命久）
購買平均單價	RMB 300～500 居多

圖表 4-5：豆漿機的使用行為

4 親自體驗 One Cup

要做產品，自己絕對要親自體驗，且要每天體驗。我在親身使用後，對 One Cup 只有一點不滿意：我覺得太甜，每種口味都甜。但我詢問其他同事的感覺，一般都還好，跟我一樣嫌過甜的人不多。也許真是習慣差異吧。

 **市調計畫**

上海諮詢公司的市調計畫不久就發過來，調查方法摘要如圖表 4-6：

項目	內容
樣本數	北京、上海各抽取 300 個樣本
樣本條件	■ 女性 ■ 年齡在 25 ～ 45 歲之間 ■ 個人月所得人民幣 8,000 以上
樣本來源	■ 一半入戶家訪、一半定點抽取

圖表 4-6：市調計畫重點摘要

因為他們已經做了基本調研又有焦點訪談結論，所以計畫也有他們的考量。但 600 個樣本，只限女性。雖然還不完全對市場理解全，可是不考慮男性樣本風險太大。萬一 One Cup 也要針對男性消費者呢？就完全沒有他們的資料做支持。

我跟領導提出我的顧慮，希望能再緩兩週讓我多了解後再看這個計畫要怎樣進行。

領導同意我的建議。而兩週後我的建議是男女比例在 40/60 左右，

看實際抽樣順利情況作微調。調查計畫就此定案。

調查隨後很快展開，但第一天就出人意料。當天下午我到上海訪談現場，就感覺到這環境周遭不像是月收入 8,000 人民幣（人民幣：台幣匯率為 1：5 左右）以上的居住社區。等一來到訪談場地，才得知從上午到目前，只找到兩位符合條件的樣本。立刻聯絡北京，了解情況也一樣：三位。整天結束，數字依舊。

晚上緊急開電話會議，對樣本不好找的情況再討論有何對策。最後的結論是，把所得標準降到 5,000 人民幣，另外就是取消定點訪問，都以入戶方式作調查，樣本只能從他們的資料庫重新篩選。

✔ 走訪市場，找出競爭者

在此同時，我也走訪市場，想了解 One Cup 最可能的競爭對手會是誰？！蒐集一般的豆漿（與豆奶）飲用地點與售價如下：

- 一般社區早上賣的豆奶，每袋 2 元；
- 小餐館有賣豆漿，一杯 1 元（且還是九陽的）；
- 上海全家便利商店豆漿每杯 3 元；
- 杭州下沙物美超市旁的中式速食店裏面賣的紅豆豆漿是 6 元；
- 杭州德克士連鎖店豆漿一杯 7 元；
- 上海麥當勞早餐的豆漿＋油條（套餐）賣 7 元；
- 在家用豆漿機自己打豆漿的家庭，成本當然最低（也是味道最純的）

我把上述這市場現況結合市面上的咖啡飲料用價值圖表作對照，讓

自己多思考 One Cup 到底該跟誰做對比（圖表 4-7）：

	價格	文化內涵	便利性	時尚感	採購方便
膠囊咖啡	4	3	5	6	5
即溶咖啡	1	1	5	1	7
Starbuks	5	5	4	7	4
手工咖啡	7	7	1	6	2
家做豆漿	1	2	1	1	2
全家店	3	1	3	1	3
麥當勞	5	1	3	2	3
One Cup	4	1	5	5	5

（分數：1~7 等分）

圖表 4-7 ：豆漿 V.S. 咖啡的價值對比

雖然豆漿跟咖啡是完全不同的飲品，但不論是飲用時機（如早上、下午茶時段）或是飲用地點（家裡、辦公室），這兩款飲料在過去可能衝突機會很小，因為豆漿幾乎只有在上午當早餐飲品時才會被使用。而在辦公場所或是下午茶時間，我們就沒聽過訪客到別家企業拜訪或開會時被問到「要喝豆漿嗎？」而多半是「咖啡、茶或水？」

如果 One Cup 想打入辦公室（人群），機會會是好機會，但競爭對手將會有即溶咖啡、研磨咖啡（如麥當勞、肯德基、星巴克與其他咖啡店賣的），還有茶以及其他各種飲料。

要是只把 One Cup 限定早餐、早上時段飲用，那它還是跳脫不了傳統對豆漿的刻板印象，很難把 One Cup 變成一種生活方式！而如果還是當成傳統豆漿來賣，九陽有一大堆豆漿機能提供解決方案，就不需要One Cup 了。

拋開對豆漿機（九陽）的包袱，客觀地來看One Cup的造型、使用、與節奏，再重新看圖表4-7，會得出什麼？直覺就是：「便利」、「營養」與「時尚」。One Cup 應該**大膽甩開九陽豆漿機的包袱而走向時尚訴求、提出生活方式的新主張**，使 One Cup 不只在家裡，也能深入辦公室及營業場所讓大家（追求時尚感的小資人群）隨時喝上一杯他喜歡的飲料（豆漿以及混合飲品甚至咖啡口味），這才是 One Cup 自己的路。

這麼思考下來，One Cup 的 SWOT 會不會是如圖表 4-8 所想的？

One Cup⟋外購早餐飲品	優 勢 Strength	劣 勢 Weakness	機 會 Opportunity	威 脅 Threat
威 脅 Threat	方便 營養、健康 九陽背書			
機 會 Opportunity		機器＋飲品價錢 貴		
劣 勢 Weakness			時尚風潮	
優 勢 Strength				接受度低

圖表 4-8：One Cup's JC SWOT

這個假設尚待驗證中。

✅ One Cup 上市計畫初版

　　事實上，從我看到 One Cup 第一天起，腦中就不斷想，One Cup 到底能給消費者帶來什麼？One Cup 又該怎樣打開市場？以及 One Cup 將來會變成什麼景況？在手邊資料有限的情況下（當時市場調查雖已經做完但是報告還在分析中），我大膽的提出未來構想並先跟領導做了一番描述，看他的感覺如何（且再三重申只是初步想法）：

❶ One Cup 隆中對

- 塑造「平民時尚」為品牌個性
- 隨飲機快速滲透市場
- 隨行杯儘快讓使用者養成習慣
- 線上（網路）擔負溝通與銷售主軸
- 線下（實體店面）做推廣與試用

❷ One Cup 經營計畫

使 命	■ 提升九陽豆漿機整體品牌形象（在健康、活力下，賦予時尚感）並以線上銷售模式開創一有別於現有九陽小家電之產品線 ■ 成功塑造 One Cup 品牌

消費者為何選 One Cup？	■ 我們深信，那些對生活要求一點品味與時尚的成人，他們為了生活與工作上的方便會買車代步、選用智慧手機溝通，而這不是為了炫耀，是有這個需要；同樣的，他們也都知道忙碌的一天開始，如果能安心地吃完早餐、喝杯健康又美味的飲品，那這一天將會更輕鬆應對。 但看看周遭，有便宜的但不讓人放心（熱水加熱的豆奶）、有時尚的但沒營養且對身體也不好的咖啡（Starbucks），如果有好喝、方便又帶點時尚感的健康飲品做早餐飲料，那肯定是消費者想要嘗試的。 One cup 正好滿足他們對早餐飲品的需要。
願　景 朝向品牌之路邁進	■ 短期：讓 One Cup 成為一個極富時尚感的新型豆漿飲品使用型態。 ■ 中期：做口味延伸，並試做早餐店經營模式，規劃麵包產品，一大早就提供新鮮豆漿與麵包進而運作連鎖加盟體系（參考上海 85℃）。 ■ 長期：進入食品、餐飲業，開設時尚感的麵包、餐飲餐廳，並走連鎖路線（參考臺灣的 Paul 麵包店）。
現階段經營模式	■ 快速地在 2013 年，以電商（電子商務）首發為主要管道銷售出去 1 萬台隨飲機。 ■ 2014 年 1/31 日前，線上與線下要達到 1.5 萬台銷量以達到快速滲透市場，並讓隨行杯取得儘早的銷售時間。
隨飲機市場滲透	■ 隨飲機是產品使用必須，應快速滲透市場，不求獲利。
獲利來源	■ 隨行杯才是獲利來源。
行銷主旋律	■ 打造一個時尚感的豆漿新飲用型態。
通路分流	■ 線下通路主要推廣 One Cup 的飲用時尚並「順帶」做銷售。線上通路鎖定旗艦店與京東為主，負責隨飲機與隨行杯的銷售。
品牌發展步驟	■ 銷售額一旦達到 3 千萬人民幣，即開始規劃早餐店計畫。

❸ 行銷策略

品牌任務	■ 提升九陽品牌形象，賦予「時尚感」之品牌個性。 ■ 塑造 One Cup 獨特之品牌形象與個性。
目標對象 TA 使用其他產品參考	■ 80 後、受過本科教育、現居住在北京、上海、杭州、濟南、廣州，月所得在人民幣 8,000 以上之男女消費群。
人口統計變數	■ iPhone ＋ 三星（2,500 元 以上），去除學生族群 性別：男：女＝ 35：65 核心群年齡：優先嘗鮮群 26 ～ 30 歲；實力消費群 36 ～ 40 歲 所得：RMB 8,000 ＋／月 居住地區：北京、上海、杭州、濟南、廣州 教育程度：本科 婚姻狀態：單身或有年齡大一點子女之小家庭
生活型態	■ 忙碌的工作步調讓我早上都沒時間好好吃早餐，連喝杯豆漿都沒滿意的。有了隨行杯豆漿飲品，我以後就可以在家、在公司，隨我所欲選一杯我想喝的豆漿了。
參考消費型態	■ 去過星巴克、85°C 等地消費過的消費群體。
競爭領域	■ 搭配早餐時間點的飲料。 ■ 飲用地點以辦公場所為主消費，在家飲用為輔。
差異點（消費者利益）	■ 方便、健康、又美味。
定位陳述	■ One Cup 是：專門給年齡約在 26 ～ 30 歲，36 ～ 40 歲忙碌的上班族沒時間自己準備又不滿意目前市面上所提供的（早餐）豆漿飲品；One Cup 既滿足這需求又能迎合目標族群對時尚的嚮往
品牌個性	■ 平民時尚
品牌主張	■ 以「平民時尚」風提供給目標群更方便、更健康、多口味的豆漿飲品，讓早上充滿活力，迎接一天的工作
品牌溝通	■ 每天早上隨手一杯

（幣別：人民幣）

4 命名、銷售管道與價格計畫

項　目	內　容
品牌命名	■ One Cup （九陽為生產廠家，背書品牌）
產品線命名	
機器	■ 隨飲機
飲品	■ 隨行杯
產品線規劃	
隨飲機	■ 5 個顏色 基本款：香檳金、薄荷綠 定制款：蜜桃粉、天空藍、櫻桃紅
隨行杯	■ 6 種口味，每杯可做出 205ml 的飲品： 原味豆漿、鹽綠抹茶、拿鐵豆啡、薏仁燕麥、桂圓紅棗、山藥紫薯
銷售管道規劃	■ 隨飲機上市元年，會選擇性的做線下鋪貨。 鋪貨不廣，也就限制了消費者在實體商場接觸的普及性；目前家電管道並不適合隨行杯的銷售，因為隨行杯保存期限只有 6 個月，鋪到終端，時間一長就只剩短短幾個月可以銷售。 既然 One Cup 是時尚感的產品，就讓它既主導又服從消費者的網路購物風潮，故主推線上銷售，線下只是輔助。
隨飲機	■ 線下 KA 客戶做飲用推廣為主，銷售為次。
隨行杯	■ 隨行杯銷售以線上為主要管道。 上市後，視實際情況再予以調整銷售比重。
銷售管道利潤	■ 線上：30 ～ 35% 線下：40 ～ 45%

價格結構	■ 原則：
	隨飲機快速滲透市場，不以獲利為定價原則。
	隨行杯要教育消費者養成飲用習慣。
	阻斷競爭者進入（讓競品無利可圖）。
	用隨行杯補貼隨飲機。
隨飲機	■ 線上、線下同價位。
	上市款式以香檳金與薄荷綠兩款為基本款，其他三款為訂製款，並做價格區分。
	零售終端價：599／台（香檳金與薄荷綠）
隨行杯價格參考	■ 社區早上賣的豆奶，每袋 2 元；
	上海全家便利商店每杯 3 元；
	下沙物美超市旁的中式速食店賣的紅豆豆漿是 6 元；
	德克士連鎖店豆漿一杯 7 元；
	麥當勞早餐的豆漿＋油條賣 7 元；
定價	■ 方案一：零售價每杯定為 RMB 5.5 / 4.9
	RMB 5.5： 薏仁燕麥、桂圓紅棗、山藥紫薯
	RMB 4.9： 原味豆漿、鹽綠抹茶、拿鐵豆啡
	■ 方案二：全部調降 1 元，分別為 4.5 / 3.9
隨飲機	■ 考慮到線上購物習性，網友習慣看到價格折讓；另保留價格與促銷彈性，故隨飲機上市會分別露出原價、定製款價、首發價，但實際價格仍以 599 元推出（含料杯贈品）；
首發價格操作	■ 首發時，會設計不同的套餐門檻，原則上是以隨行杯補貼隨飲機，讓購買意願大為增強。

隨行杯首發價格操作	■ 隨行杯銷售的基本原則是：
	決不輕易做價格式促銷
	買 x 送 y 的搭贈方式可以做
	贈品方式可以做
	新口味推出後搭贈可以做
	線下可以銷售隨行杯，但不主推；反而鼓勵顧客上網購買有更多優惠（屆時線上、線下會廣推二維碼引導到線上採購）
	上市之初，電商的活動以買 2 盒（12 入）送 1 盒（12 入）的形式作活動，口味任選

（幣別：人民幣）

⑤ 溝通與推廣計畫

項 目	內 容
品牌塑造推廣方向：	■ 多角度、多管道、多意見領袖分頭並進。
溝通策略	
一、PR 健康訴求 健康議題	■ 左打各街道社區的豆奶，外包裝經加熱後會有化學物質溶出的憂慮。
	右攻咖啡，如果一大早就喝，會因為咖啡因的緣故而傷胃，長久下來對身體一定不好。
	以 PR 手法打健康議題，喚起大眾對這兩種產品的疑慮，帶出中國人傳統就喝的豆漿飲品對身體健康的好處。
	提到 One Cup 是使用優質食材做出的豆漿飲品，對每個人一早就喝的飲品來說是最健康的選擇。
意見領袖	■ 醫療、養生、食品營養方面的達人
傳播管道	■ On-Line 傳播為主
二、產品方便的利益點 隨飲機的訴求	■ 劃時代、最方便的隨飲機在中國隆重上市 輕輕一按，30 秒出漿，最方便。
	免清洗；
	低噪音；
三、美味、好喝 隨行杯的訴求	■ 嚴選食材最健康。
	決不添加色素、防腐劑。
	口味豐富，隨時變換新口味。
	高蛋白質。
四、平民新時尚	■ 同步進行傳播最該具有的養生觀念，如此一來才是時尚。
	吃早餐才是時尚。
	吃健康的早餐才是時尚。
	最時尚的選擇—— One Cup。
意見領袖	■ 跟時尚扯上邊的達人都可一起炒作，廣求聲勢。
傳播管道	■ On-Line 為主

One Cup 推廣沙龍	■ 尋找精準的意見領袖做產品試用、建立口碑並擴散到其周邊同事及朋友。
邀請對象	■ 針對產業，選自： IT（資訊、互聯網、手機） 外企（歐、美） 廣告、公關公司
打開、建立知名度 網站、社群、視頻	■ 製作官網及豆瓣網站做訊息搜尋 微信與微博做社群媒體溝通 準備多支上市視頻供線上與線下使用
新聞發佈會	■ 舉辦媒體新聞發佈會
戶外廣告	■ 地鐵車廂 高鐵候車區電視牆 北京、上海戶外廣告
試用與試飲 淘寶試飲	■ 阿里淘寶每日訪客數量眾多，幾乎都是 One Cup 的目標顧客且是網路高使用群。故在其園區及每間大樓的一樓大廳（訪客談事處）做試飲活動，可接觸優質潛在消費群。 做錄影、拍照，素材可多加利用 汲取對外試飲經驗，以作全面試飲熱身
辦公樓試飲	■ 對北京、上海的辦公樓做戶外試飲，自 12 月起活動依次開始
企業入駐	■ 在上海進駐 20 家企業內部提供產品試用並做促銷活動
地鐵、高鐵試飲	■ 在北京、上海、杭州的地鐵與高鐵站進行為期 2 ～ 3 個月的試飲活動
機場試飲	■ 在北京、上海、杭州的機場進行試飲活動

九陽顧客直效行銷	■ 找出購買九陽產品的顧客做直效行銷活動：
	中高端豆漿機購買者
	麵包機購買者
	料理機購買者
九陽內部行銷	■ 針對九陽內部員工做兩個活動：
	試飲、員購優惠方案
旗艦店 12.19 活動	■ 推出 A、B 兩個套餐方案選購：
	A 套餐：買一台隨飲機送 3 盒隨行杯＝ 799 元
	B 套餐：一台隨飲機＋ 25 盒隨行杯＝ 1,499 元
京東首發	■ 京東 12/26 首發，以元旦、春節為主活動規劃
電視購物	■ 預備春節禮盒包裝給電視購物作上市首發
	日期：2014 ／ 1 月中旬上檔

（幣別：人民幣）

 關鍵點

　　對上述計畫，跟我領導（成總）討論的焦點先集中在以下幾個部分：

❶ 隨飲機命名與定價問題

★ 隨飲機的命名

　　One Cup 這個品牌是否應該取個中文名稱是我們先討論到的。因為消費者沒看到產品、沒親自使用，只聽到「隨飲機」，即使看到圖片，怕還是不理解，還很可能會以為是開水機。參考雀巢的例子，他們取做「膠囊咖啡機」，這在型態跟意義上是很吻合，那我們是否用「膠囊豆漿機」？但膠囊兩個字聽起來像是藥品，而且雀巢已經用了，那「One

Cup」合適嗎？

★ 隨飲機定價問題

我們項目組建議售價是人民幣 599 元，理由主要是希望快速普及也不求去賺機器的錢（初期成本頗高的），只要不虧就好（還要考量通路利潤）。成總的想法是可以認同，但怕人民幣 599 元太低，把價值給弄低了。他建議是賣人民幣 699 元，「多 100 元消費者不在乎的」。我們誰都無法證明價量曲線的答案，就暫定人民幣 699 元做為每台的零售價。

❷ 隨行杯命名與定價

★ 隨行杯命名

因為我來之前就有用幾個中文名稱去查是否有被註冊，而「隨行杯」是唯一還可以使用的，所以就只能叫「隨行杯」了。

★ 隨行杯定價

6 種口味中都有豆漿粉做基底，其中一個是 100% 原味豆漿。價格上我們建議採方案二，人民幣 3.9 ～ 4.5 元之間。這個我們暫時沒結論。

❸ 使用場景

豆漿已經被大家定位成早餐飲料，那 One Cup 是否有機會擴充飲用時機到一天中的其他時段？讓大家在下午、晚上也能隨手一杯？這是成總提出的問題。

我個人是認為這樣設想的話那所要對抗的競爭者就太廣了，因為像是咖啡、茶、果汁、可樂等等，還有啤酒，都已經是各個時段被制約的

飲品。但是早上時段卻有另一個機會給 One Cup，那就是辦公室。

中國的一二線城市也是時間緊湊要趕上班的，尤其在北上廣深（北京、上海、廣州、深圳），而這些城市就是 One Cup 最有機會的市場，因為沿海城市應該是最能接受新產品，如果他們都不接受就別提其他地方了！那在上班日大家都是如何解決早餐呢？很少在家裡吃完才進公司的，不是在外面簡單吃點，就是買好帶到辦公室裡吃。於是我主張：把 **One Cup 帶到（機器賣到、送到）辦公室去**，讓大家在早上選一杯自己喜歡的 One Cup 飲料。只有這樣做，市場才會大。如果只是放在家裡，一週沒幾天會喝，也沒幾個人喝，這麼一來，隨行杯的消耗量只會緩慢，對生產後的保鮮期、對降低成本上都大大不利。

④ 溝通主軸

由於我傾向主打早餐時段，所以提出的口號就是：「每個早上，隨手一杯」。但這句話就跟使用場景連為一氣，如果不強調早上，那這句話就必須隨之而改。

⑤ 線下鋪貨地區

依定位來看，One Cup 的實體鋪貨城市跟零售點，首選應是北京、上海、廣州、深圳的高端百貨公司跟連鎖 A 級店，但「北、上、廣、深」的高端百貨是外商品牌的天下，也正是九陽的弱項。所以如要走實體管道，勢必要另謀對策。

⑥ 營銷預算

我詢問一下公司對目標與預算有什麼預期，結論是沒有。目標是真

沒有，預算現在也不急。

這算是初步溝通，也先不求要具體結論，看看市調結果再說。

 市調結果出爐

調查報告出來，大體上和焦點團體訪談結論以及項目組初步的市場計畫吻合，一些重點摘錄在圖表 4-9：

問　題	調查結果摘錄
對機器最滿意的地方 （依順序）	使用方便 很時尚 噪音低 可以當開水機使用 清洗方便
對機器最不滿意的地方 （依順序）	一定要使用純淨水，這點花費挺傷荷包的 擔心杯槽裡面會殘留豆漿飲品 按鍵不太靈敏 沒適當的杯子放進去使用（最好送配套的）
最常使用的時機順序	早上，早餐飲用 下午茶時段
最會使用的場所	家中
會在辦公場所使用嗎？	要公司提供機器，自己不會買了放公司裡
機器的名稱「隨飲機」	還可以（但聽來像飲水機）
認為多少價錢會買機器？	1,000 以內 400 ～ 600 之間最多
會買來送人嗎？	會送給家中長輩或親戚朋友
對隨行杯的口味滿意度	基本上都還滿意

最喜歡的前兩名	原味豆漿
	拿鐵豆啡
對甜度的接受	多數都能接受
	豆漿如有無糖的最好
對營養健康的訴求	都能接受，因為是大豆做原料
對 6 種口味的看法	還希望有更多選擇
對每杯容量 205ml 滿意度	覺得少點，再多點更好
對內容物的看法	擔心安全性
對使用非基因改造黃豆的評價	很好（但是真的嗎？）
對不含色素、防腐劑的評價	不太相信
對 6 個月保鮮期	嫌短
對購買地點	網購可以接受
	也希望一般商店能輕易買到，不然就不方便了
對九陽企業的背書保證	很好，相信九陽（但對內容物還是有疑慮）
對隨行杯的售價	2 塊最能接受（一般市場豆漿也就 1～2 塊）
受訪者職業	白領居多
受訪者教育程度	大專以上居多
年齡層分布	25～45 歲之間
月所得	人民幣 5,000～10,000 之間佔比最多

（幣別：人民幣）

圖表 4-9：量化調查重點摘錄

跟副總裁彙報

　　成總叫我們把 One Cup 重點整理一下，要跟副總裁做個彙報（我倒是沒想到這產品連副總裁也很關切。但最令我沒想到的是日後總裁跟副總裁對 One Cup 的每一細節都親自過問。）

　　報告基本上跟上次給成總的提報內容差不多，只是把調研結果再補

進去。這次其實只先討論兩個問題：一是命名；二是價格。

1 命名問題

隨行杯的問題還好，大家都沒有特別意見。但隨飲機就不一樣了。首先是這名稱已經送到國家檢驗單位申請且通過，在家電領域這屬於一個品類名。如要更改，最少還要 1 ～ 2 個月的時間，這是一個時間成本。第二，我們手邊曾經有過幾個選項，但不是被註冊走就是不甚滿意，起碼「隨飲機」還可接受。至於「膠囊豆漿機」或「膠囊隨飲機」，又嫌這膠囊兩個字像藥品，有負面感受，大家也不太願意用。討論許久也沒定論之下，只能暫時維持原案。

2 價格問題

隨行杯的價格，副總裁認為可以再提高一點，且首發時一定會有搭贈活動，還是會有優惠的，因此把價格分成兩個級距，原味豆漿跟拿鐵咖啡每盒人民幣 48 元（12 入），另外 4 種口味每盒人民幣 56 元（12 入），也就是每杯價格在人民幣 4 ～ 4.7 元之間。

輪到隨飲機了。我把原先一台人民幣 599 元的價格邏輯解釋一番，再把成總加上 100 元的道理也作陳述，所以 699 的定價是這麼來的。副總裁做的裁示是：賣人民幣 799 元。理由之一：要維持基本毛利水準。理由之二：**消費者不會在意多 100 元的**。即便我們提出這是新產品，消費者還不知道它是什麼，且不是只買機器就結束，消費者日後還要買耗材才能使用，這是新品的雙重門檻。如果要機器跟耗材兩個都賺，那就一定是緩慢普及。時間因素對隨行杯的保鮮期又不利，又不可能少量生產，所以把機器價格降到最低水準，讓耗材來補貼，這才是最佳模式。

陳述完我們的看法後，卻無法改變副總裁的決定。他始終認為 One Cup 不應該賣這麼便宜，因為九陽其他豆漿機產品毛利起碼有 45%，One Cup 已經不要求第一年就要賺錢，但毛利卻不能低於 35% 水準！

至於其他問題沒有做深入討論，看來還會有許多次報告機會的。因為副總裁只交代一聲把大概計畫向銷售部門的朱總溝通溝通，並聽聽他的意見。

到底該如何訂價？

把營銷 4P 向管銷售的朱總彙報，別的都沒問題，就是價格有意見。他認為這麼時尚的產品賣 1 千人民幣以上都可以，但他說出一個具體數字叫我們認真考慮：899（人民幣）！他認為才比 799 多 100 元，中國消費者不會在乎的。

「朱總」，我忍不住了說：「這價格從 599 到 699 到 799 現在又到 899 都是同一個理由，可實際上卻從 599 變成 899 了！消費者總有感覺了吧！」

「我只是建議啊，」朱總也笑了，「你們項目組斟酌決定吧。」

我對我的產品經理說：「看來要我們決定不太可能。」

這事確實沒完。

沒隔幾天，總裁秘書傳話來，說副總裁有跟總裁說了我們的計畫，而跟 One Cup 參與很深的那位台灣顧問得知定價後，認為我們訂太低了，他跟總裁提出他的顧慮，認為這樣的訂價會把價值感拉低。祕書叫我們去總裁辦公室跟他彙報一下。這可真出乎我意料。只得去了，還能

怎麼辦？

總裁問了問 One Cup 目前進度，簡單彙報後我就單刀直入談到定價問題。

其實我的立場始終一致，這是經營模式的選擇：先普及機器才會有後續，就跟早期傳真機、列印機的道理一樣。且這是聯合銷售的問題，購買者不是只買機器，他們還要買隨行杯，隨行杯的價格其實不便宜，如果機器價格也不便宜，對新產品來說障礙一定是雙重的。至於到底該定多少價錢這問題，因為沒人能算出供給跟需求曲線，只能憑個人感覺。人民幣 1000 元以上絕對不可行，599 ～ 799 之間我也提不出數字來證明銷量會是多少！如此云云。

總裁聽了，沉默一下，「那就 799 元吧。」

這就是隨飲機最終的定價。

 品牌傳播

按照九陽的制度，每個產品在年初都要訂出目標跟預算，這樣一整年才知道可以花多少錢。One Cup 因為是新項目，目標跟預算都沒訂，且媒體傳播是由品牌傳播部負責，因此 One Cup 的溝通計畫就要請他們提出。

因為知道這個流程，也知道九陽沒有固定合作的廣告公司，所以前段時間我們項目組就跟成總提出想找第三方合作的建議。得到他的同意，於是就請品牌傳播部推薦幾家（都在上海）一道去拜訪，日後也有兩家公司來做提案。但在這中場時段，副總裁要項目組跟品牌傳播部整

合一下再次做報告，並且除了成總外也邀請電商中心（電子商務）的業總參加，因為 One Cup 在線上通路會先做銷售，實體通路還不急。

距上次跟副總裁第一次的提報後不到 10 天，項目組內部想說，先不急做實體通路，想等等 12 月的電商首發後如果銷售還不錯，那經銷商跟銷售管道我們就能主動挑選優質客戶。而且 One Cup 還有許多事沒做完，就我們項目組三人也忙不過來。這是有關我們這部分唯一的改變。

① 品牌傳播計畫

品牌傳播王總監親自做報告。很慚愧的是，她對現在媒體環境與社會化媒體的了解與運用，還有一些微博、微信以及名人（大 V）的熟悉度等，讓我有深深的感觸：我是老人家了。我只記得一個重點，品牌傳播部年度預算中還有人民幣 120 萬左右的空間，看是不是要給 One Cup 運用。

王總監說話說得極快，讓聽者很難跟上步調。如果不熟悉整個媒體環境的話，怕真是有聽沒有懂。

等王總監報告完，全場鴉雀無聲。我也不知道其他主管在想什麼。會議就暫時結束，因為已經晚上十點多了。

② 臨陣換人

隔天一早，我跟產品經理馬上把王總監請到小會議室跟她請教昨晚她的報告內容以及她建議 One Cup 現在要做哪些準備。談不到 10 分鐘，她接一個電話。沒幾分鐘掛掉電話後她說：「副總裁剛跟她說叫她不要跟 One Cup 了，因為其他產品有很多事要做，怕她忙不過來，工作交給電商中心一位負責媒體的女同事小許接手。她等會兒就把工作交代一

下。」

　　我不知怎麼回應。產品經理也無言。我問了一下成總，他只說公司擔心她事多，雖讓小許接手過去但有事還是要請王總監一起參與討論的。我更加茫然！但也只能依公司指示行事。

✓ 產品品質的隱憂

　　有必要回頭來說一下產品。

　　One Cup 是由事業部的工程師研發出來的，也做了近三年的調研、比較、自行開發、找零組件廠商等等，因為要避開其他廠商的專利問題，因此在內部結構中就有一些轉折的地方。我並不懂何謂轉折，我只看好不好用、使用上有沒有問題。

❶ 首次清洗要四次

　　One Cup 第一次使用要先清洗四次，目的是把內部的管道給清洗乾淨。由於我用咖啡壺用了多年，也換過幾個牌子，使用前我都會先看使用說明書然後按步驟操作。其實也就首次操作麻煩點，之後就是懶人動作了，而我對那麼多咖啡壺廠商也都沒抱怨。

　　基於個人經驗，我覺得這是理所當然且在說明書中也做了提醒。但我錯了。

　　有次產品評估會議上，我們項目組、各級，還有前文我提到的領導以及事業部周總經理跟工程師都來參加。工程師跟大家示範時提到要先做這清洗動作，副總裁就問，「這體驗不會太差了吧？」「哪個消費者

會做四次？」周總回答說這是必要的，且參考很多其他產品也是要消費者清洗數次，我也認為就第一次麻煩點而已，以後就省事了。而且說明書中有註明。

說明書的問題被提了兩次，原以為這是給消費者的善意提醒，大家應該都能接受。誰知在場的人眾口同聲地說：「中國消費者是不會看說明書的。」

「那為何要做說明書？」我接著問。

「這是國家規定要的，不做不行。」這是答案。

那怎麼辦呢？現在改，12月上市一定來不及。總裁跟副總裁臉色都不好，於是只能提出一個應變方案：做張貼紙貼在機器上面，提醒購買者一定要清洗四次。

❷ 爆漿問題

事業部先前做了幾部樣機給我們試用，我們也給一些消費者做測試，就有幾次使用中會有豆漿溢出的情況，試用者還用一個名詞把我們嚇住：「爆漿」。乍聽之下真的以為是發生爆炸事件嗎？了解後知道是機器的刺針引起的問題使得杯裡的豆漿有外溢現象。這的確是個很差的使用體驗，而事業部無法得知這比例會有多少。主要不確定的原因有：

- 刺針穩定度
- 零組件供應商品質還不穩定，目前只有不到 70% 的良率水準
- 內部設計可能有問題，但原因還不明

❸ 取出隨行杯會滴漿

每次製作完一杯飲品後把用過的隨行杯從料杯槽取出會有一個現

象，會滴漿出來，因為主要是要有孔讓漿流出來。這幾乎無法解決。

④ 沒有人會記得要取出隨行杯

如果用完後沒有立即取出隨行杯，時間一久，會有漿液固化的情況發生。如果時間更久都沒取出，也會滋生細菌。這情況若是在多人使用的情況下就更加突出，每個人用完就走，沒人會去管要把使用過的隨行杯給取出。

⑤ 多久清洗一次？

多久該清洗使用過的料杯槽？還有，如果離開幾天或幾週不在家，再使用時要清洗幾次？用溫飲鍵還是熱飲鍵（溫水跟熱水的選擇）？

⑥ 一定要用純淨水

One Cup 一定要用純淨水，不能用自來水也不適合用礦泉水。因為大陸各地的水質不一，像北方地區的水質就很糟，測試沒幾次就發現產生的水垢會將管道堵塞住。

⑦ 要不要提醒？怎麼提醒？

上述這些現象其實說明書都有註明。但問題就是：「沒有人會去看說明書！」

⑧ 說明書的矛盾

我對說明書也有意見，認為它製作得不好、不易閱讀、字體小、文句排得密密麻麻的，也很少用圖示來呈現，都是文字。這在使用上當然體驗不好。但要是沒有人會去看提醒的地方，那就沒辦法了。

　　唯一的結論就是要事業部去要求供應廠商的良率（其實剛開始做，量還不夠，良率很難立刻提升的），還有也是要等等看上市後消費者的反應，有沒有可能是我們自己多慮了。

❾ 組裝不順

　　上市在即，我們初步預估在十二月中旬做電子商務天貓首發，預備備妥一萬台的數量，因為京東在淘寶後也要首發。但事業部的答覆是做不到——幾乎無法做到！原因為何？零部件供應是問題一，九陽是自己組裝的，但因為零件多、步驟繁瑣，又是剛學習，所以速度很慢，每天就只能有 500 台的數量。找臨時工又不好找，只能盡量不休假每天裝了。

✅ 雙 11 的豐收

　　11 月 11 日這天在大陸可是個大日子。因為淘寶網把這一天搞得火爆得很，才三年工夫，光這一天，淘寶的營業額在去年就有人民幣一、兩百億，今年（2013）目標是三百個億。九陽也為了雙 11 卯足勁，目標要做到一億人民幣的營業額。除了電子商務中心全員動員外，市場中心的總監、產品經理、推廣經理與可以動用的人員在這一天從零時起就要在上海九陽的旗艦店跟他們的同事一起做線上客服。我們項目組的兩位同事也在其中，而我也到現場感受一下氣氛。只見當天旗艦店的大電視螢幕牆不斷更新九陽線上的營業額以及跟家電業者的比較，數字不斷更新，就跟股市一樣，唯一差別就是數字不斷上升。等到這一天結束，淘寶破了三百億的目標，九陽也做到一億，且是廚房家電的第一名。讓

我領教了電商淘寶的可怕。

✔ 溝通主軸的爭論

產品經理跟我說，公司希望下週安排廣告公司提案。

我愣住了。只好立即去找成總：

「預算有決定了嗎？對上次我們討論的推廣計畫有什麼看法嗎？我必須跟廣告公司做簡報，他們一定會問這些的。」

成總：「都還沒定。沒關係，你就把重點跟他們說，聽聽他們的提案。」

我們趕快邀請兩家公司來聽 One Cup 簡報，預算部分先說首發階段約 50 萬的預算（我隨口說，實在是我也不知道有多少預算）。

提案日子到了。安排兩家在同一天下午來杭州提案。第一家公司曾做了幾支評價不錯的創意視頻（廣告），所以他們的提案內容就只提一個創意：「30 秒豆漿就這麼簡單」。（提案完畢，獲得大家如雷的掌聲。我知道，大家都被打動了。）

第二家公司以公關、活動見長，且跟黨政機構關係很好。他們的提案就把我們所簡報的如上市發表（微博同步播出）、企業試飲、高鐵跟機場的試飲做提案主題。（大家的反應平平。）兩家公司提案完畢就請他們先回去，讓我們內部自己討論一下。

副總裁要我們說說各自看法。看大家默不作聲，於是我就先說吧：

「看大家的反應，我猜得出大家都喜歡第一家的提案，因為創意確實不錯。」我接著說，「但我是這麼看：他們雖說有好創意，但他們完

全不管 One Cup 現階段的品牌任務，也不管 One Cup 的策略方向，就提一個創意！我最擔心就是這種方式的合作，因為日後他們還是會再提創意，而是不是能跟 One Cup 的策略連貫他們是不管的。」

「再說創意吧。30 秒豆漿確實很能點出產品利益，但這是產品的層次。我認為品牌主軸應該主打生活方式、生活型態，這才會是品牌個性與品牌資產。」

副總裁：「那你認為該怎麼做呢？」

「我建議是主軸主打生活方式，前期的準備還是要做試飲，像是企業入駐、北上廣（北京、上海、廣州）的定點以及安排北上廣的機場以及上海、杭州高鐵站的試飲。也就是將兩家公司的想法整合，但請第一家公司把方向改一下，也就是借用兩家公司的特長。」

「這不實際，沒多少時間了，不能這樣折騰！」副總裁回應道。

業總：「產品利益是沒錯，但說這個有什麼不好呢？」

「我們以馬斯洛需求層次為例，講產品，這是低需求；講生活型態，這是高需求。低需求可以打短期、做促銷活動。長期來說，還是應該回歸到品牌個性的塑造。30 秒豆漿是無法塑造品牌個性的。」

「但先把產品利益說出來，起碼容易理解。等市場接受了，再提生活型態呢？」

「這不就是分兩道手續！那何不第一次就做好？因為溝通兩次成本高，又要消費者跟著你轉換思路，有這個可能嗎？」

成總：「我也覺得 30 秒豆漿很好，但 Jesse 可能是擔心場景不對。那我們請廣告公司把一天當中的各個場景搭進去，這不也是生活型態？」

「這就是我說的問題：主軸不明。如果講 30 秒豆漿，那就講方便，也一定容易說清楚。如要講生活型態，我認為還是要主打早上、早餐時間，但場景涵蓋住家跟辦公室。」

副總裁：「所以你想說的主題是什麼？」

「我還是認為，『每個早上，隨手一杯』，才是生活態度與生活方式。這才能充分表達 One Cup 的品牌意義出來。」

「隨手一杯是指隨手哪一杯呢？這也看不出品牌個性啊？」周總問到。

「所以我們要把家庭與辦公室的場景帶進去，營造出全新的早餐飲品形式。新產品本來就要花時間與消費者溝通的，不說教育這字眼吧，起碼要讓消費者知道他們在早餐時間有個全新的選擇，而且還很時尚。」

成總：「聽聽顧問的看法，你們都是台灣人，顧問怎麼看？」

「我也覺得 30 秒訴求簡單明瞭易懂。」

業總：「我有個建議，我們主打 30 秒，但在淘寶的寶貝頁面（電子商務網站畫面）也打出 Jesse 說的「早上訴求」，然後看消費者認為哪一個好，如何？」

我回答道：「不必做我就已經知道答案。一定是 30 秒勝出。」

副總裁：「你怎麼沒信心呢？」

我說：「這不是信心問題。這是第一印象的結果。因為消費者不會把寶貝頁面從頭看到完之後，再給你客觀評價的。他們第一眼看到的就記住了，再說別的訴求他們也不會注意的。」

業總：「試試看，也許不是這樣呢？！」

副總裁：「就決定選 30 秒豆漿，然後把早上也放上去做個比較。」

會議到此，副總裁留下成總、業總跟顧問繼續討論，我們其他人就退出了。

 250 萬的推廣預算

第二天，成總把我們項目組叫到他辦公室，將昨晚的結論跟我們說：「公司決定找第一家廣告公司合作，但把場景多融入幾個，從早上、上班、到辦公室、下午茶時段都涵蓋進去。叫小許去跟進，項目組就抓緊時間把產品準備好，包裝也儘快完成，線上首發日期在 12 月 17 ～ 19 日這三天，沒多少時間了。」

我還是要問一下：「整體預算多少呢？試飲活動做不做？」

「公司給 250 萬的預算，試飲先不做，沒時間準備這些。」

我一愣：「250 萬？太多了吧。首發三天就花這麼多費用是否有必要？而且不做試飲活動光做電子商務，消費者很難理解什麼是隨飲機的，也不清楚隨行杯到底是什麼用途。」

「給錢還不好？反正好好做，也不給銷售壓力。試飲活動就你們三人，還要準備電子商務工作、產品包裝也還沒搞定，你們哪有時間。試試吧，也許看寶貝頁面就能理解啊？」成總這麼說，我也無言以對。

 總裁的角色

總裁要我們把上市前的準備工作向他做個彙報。

項目組部分由我報告，內容只提基本策略方向與包裝、定價。

溝通跟傳播部分就由小許負責，除了拍影音廣告，也請廣告公司找了很多微博、微信的名人做推薦。這些名人的費用可不低。主軸就是「30秒豆漿就這麼簡單」，名人的推薦也圍繞這主題去發揮。（我沒提「早上訴求」的事，不想再惹爭議了！）

總裁對「30秒豆漿」的訴求也覺得簡單易懂，但他提出了另一個顧慮：「怎沒提營養的事呢？這也是 One Cup 很重要的功能啊？」

小許：「喔，那我們可以把名人部分做個調整，找幾位美食、營養專家做推薦。」

總裁：「我也有認識一些大 V，等下我把名單請公關部的孫總監去聯絡，讓他們也幫忙一起造勢。另外機器部分，是不是還不穩定？」

副總裁：「是有這顧慮。所以這次首發我們改叫做『全面公測』，也就是讓消費者來體驗，看有哪些問題我們好做修正。因為這也是九陽第一次沒經過完整測試就上市的，產品品質肯定不過關，用公測的名義有一種廣邀大眾來找碴的意思，現在不是很流行公測嗎？」（這可是我首次聽到「公測」的事。）

總裁：「這方式好。那其他工作你們加緊辦。另外隨飲機這名稱是品牌名嗎？」

我：「品牌就叫 One Cup，中文名現只能叫隨飲機，在包裝上會註明 One Cup 隨飲機這幾個字。」

總裁：「隨飲機這名字不怎麼響亮，你們再想想。」（我心想，沒時間想啦！）總裁接下去：「叫『豆咖機』如何？既能喝豆漿又能喝咖啡，咖啡是個很大的市場啊，我們不是也有咖啡口味嗎？」

副總裁：「不太好吧？」

我：「如要改為豆咖機，還不如叫豆啡機。」

總裁：「你們再想想。那就先這樣。」

✓ 小米插曲

公測前夕發生一件小插曲，但引發的漣漪效應卻相當驚人。

小米手機在大陸火得很，他們的粉絲又無比活躍。好像是小米的粉絲看到小米要出的新款路由器相片很像是豆漿機，就在網上說了句：「小米要出豆漿機嗎？」小米總裁雷軍看到後，發了條訊息：「如果粉絲要，小米可以考慮做年輕人專用的豆漿機。」

好死不死的，這句話給我們總裁看到，他很積極地跑了一趟北京跟雷軍聊聊合作的事。這就引發非常廣泛的媒體報導，後力無窮。

✓ 首發前又一爭議

首發前兩天，12 月 15 日，大家分頭準備，產品經理已經在上海出差五天跟旗艦店同仁做網頁設計。我在這天上午接到總裁電話，要我們把隨飲機的名字拿掉。這真是件棘手的事。我仔細思考後先跟成總電話溝通，說了總裁的要求，也提出我打算怎麼做。我認為先跟總裁報告這事先不動，因為所有的包裝、文案都已定，也沒時間改；而且如果不用「隨飲機」這三個字，只剩下 One Cup，消費者看到英文後只看到畫面，一定很茫然不知是什麼。雖然隨飲機有缺點，但目前先這麼用，看公測反應後再做修改。

成總同意這麼說，我就立刻打給總裁說明想這麼來處理。總裁是接受，但要我們趕快做一件事：有獎徵求中文名稱。我就找公關新聞部的孫總監來安排這事。

電子商務活動

淘寶的寶貝頁面由產品經理去上海跟旗艦店設計人員一起作業。活動前期有 20 元（人民幣）預購可享 100 元（人民幣）折扣、前一百位預購者加贈一盒 12 個隨行杯、公測期間買壹台隨飲機就送 3 盒（36 個隨行杯混合口味）等活動。

自我評估

除上述準備外，從公測前一天開始，公司就抽調七位市場中心同仁做線上訊息監測並即時回應網上相關事件。同時間，項目組全體跟四位 One Cup 有關的研發工程師到旗艦店做事前最後一次 FAQ 訓練──把所有我們遇到的、想到的、可能會發生的疑問跟標準答案都印妥，一起跟旗艦店的客服人員再做一次產品教育訓練，同時也讓大家自由發問有哪些可能的疑問。因為旗艦店客服人員很有經驗，尤其剛經過雙 11 的洗禮，了解網購搜尋的習慣，知道他們怎麼看說明、看產品描述、看價格，還會要贈品甚至要點折扣，這些細節我們可比不上他們有經驗。在公測這三天，我們也會一起跟他們做線上客服，親自接單、親自接受提問，實際體驗消費者怎麼看待 One Cup 的。

對這三天到底能賣幾台 One Cup，旗艦店老總最樂觀，因為他看到九陽從沒對單一新品投下這麼大力度推廣，而他本身也看好這產品，估計 12,000 台到 15,000 台沒問題。我跟產品經理也猜過 N 次可能的銷量，8,000 ～ 10,000 台是我們的估計。

公測前一晚，重新想了想明天開盤的事，也不自主地想起曾做過的 SWOT 分析。經過這段時間，我自己把它做了個修正如下頁圖（圖表 4-10），不知明天會是什麼結果！

One Cup\ 外購早餐飲品	優 勢 Strength	劣 勢 Weakness	機 會 Opportunity	威 脅 Threat
威 脅 Threat	方便 營養、健康 九陽背書			
機 會 Opportunity		品質不穩定 機器＋飲品價錢貴		
劣 勢 Weakness			時尚風潮 小米話題	
優 勢 Strength				消費者不理解 接受度低

圖表 4-10：One Cup's SWOT 第二版

03 One Cup 全面公測

 半天見分曉

12 月 17 日上午 9 點 One Cup 正式開賣。一開始時兩方的客服熱線接連進來，勢頭不壞。但時間不斷推移，感覺詢問的消費者變少了。而注意聽客服人員來諮詢我們的事或是他們之間的對話，發現雖有很多詢問或是想購買的，但一旦他們知道「答案」還有要搭配所謂「隨行杯」才能使用後，很多人就放棄購買了。簡單歸類後，發現問題集中在：

- 不理解「隨飲機」是什麼！
- 能直接放豆子打豆漿嗎？（因為知道是九陽產品，以為是最新出品，但一樣是放豆子進去的）
- 能做果汁嗎？
- 什麼是「隨行杯」？
- 一個隨行杯多少錢？（我們事前給的標準答案是 3.5 元（人民幣）起。但很多消費者不是立刻反應太貴就是再往下詢問其他口味多少錢後，也是反應太貴，日後的開銷會很驚人的！）
- 隨行杯裡面是豆粉嗎？
- 隨行杯有放防腐劑嗎？

■ 你們隨行杯是怎麼做的？（詢問生產方式。很多人一旦知道裡面是現成的「粉」後，都打退堂鼓。）

到中午十二點，聽旗艦店人員的統計，一整個上午的銷售數字是 920 台！所有在場相關人員沒一個臉色是好的，吃驚（加難過）的成分表露無遺。

 緊急會議

下午三點多，副總裁、成總、業總跟顧問都現身，並立刻召集兩方人員開緊急會議。

大會議室中間是張大長桌，圍坐著二十來人。旗艦店人員與九陽的電子商務中心支援夥伴、研發工程師及我們項目組依次圍坐。我比鄰副總裁旁邊，再過去是業總，坐最邊上。

副總裁知道上午的銷售結果，也沒想到連一千台都不到！她要我們一個個說說自己的想法，都出現哪些問題，還有我們能採取哪些動作。她讓旗艦店人員先說：

「我接的單子中，以不理解是什麼的最多！都以為放豆子就好。一知道不是後就不想買了！有的是認為一杯 3.5 元（人民幣）太貴，以後若是每天都喝確實是太貴了！」

「他們常問的就是到底什麼是隨飲機？都不理解。也不相信隨行杯的品質，就算跟他們說是九陽出品的也不買帳！」

「以為打豆就好，知道不是就不買了。」

「隨行杯太貴，不想買。」

「以為是新款豆漿機，知道不是後就不再詢問。」

「隨行杯太貴了，影響購買意願。」

「對生產品質有疑慮！」

另外幾位旗艦店人員也多半是這些回應。而持續這樣聽下來，大家的口氣越發沉重。輪到九陽的同事了：

「我碰到的也都差不多，一是不理解、二是認為貴，機器加上料杯一年下來花費不得了！」

「多半都是以為可以打豆子，知道不是後就不想買了。」

「我也碰到幾位不知道是什麼。但我一說跟雀巢的膠囊咖啡機是相同的且口味更多，他們就會買了。」（這是一位研發工程師的回應）

「對，也有些人會問是不是跟雀巢的膠囊咖啡機類似，一聽到是，他們就立刻下單。」

輪到產品經理了：

「我接到的疑問跟剛才大家說的都差不多。我認為是我們沒有讓消費者理解什麼是隨飲機，消費者只看到照片是不容易理解的！所以很多誤解就會發生。至於隨行杯的價錢看來也訂貴了，大家都會拿家裡做的或是市場買的來對比，那些一袋豆漿只賣一兩塊人民幣，雖然大家也知道那是豆粉泡的，但我們也沒法解除他們對隨行杯的疑慮……」

他的口吻更是給人悲慟的感受！我實在聽不下去了（剛好副總裁接個電話出去了一會兒）！我先敲兩下桌子：

「各位，先問一下，我們現在不是給 One Cup 開追悼會吧！怎麼越聽越悲傷的語調！是誰說新品一上市半天就要大賣，不然就算是失敗的呢？連 P&G 都有不低的新品失敗率。整個市場每年出多少新品，能

活到三年的不到 10%！One Cup 是有各位剛才說的問題，我們把這次上市稱做公測不就是要找出市場真正的反應嗎？不只你們剛才說的那些問題，我還可以加上一點，就是消費者欠缺體驗的機會，看看我們自己就知道，在座的各位你們一開始不也是不知道什麼是 One Cup？但是，一給你們體驗一下、自己做一杯，你們都是什麼反應，還記得嗎？都說好喝、方便，還問有沒有其他口味。我還問過幾位在場的說你們覺得甜度如何呢！」

我拍了一下產品經理的肩膀再往下說：

「沒有人說不能改。不論是命名、定價、溝通等等，這些消費者的反應正好是我們需要的，有這些第一手資訊我們才知道下一步該怎麼做。」

我環顧一下全場：「各位，一個新品牌不是輕易成功的。沒有兩三年的市場磨練就下斷語是太早了，起碼 One Cup 還不到蓋棺論定的時候。要有耐心，要知道打造品牌是長期工程，不要那麼快就放棄。」

我講完了。全場沉默三秒鐘。

成總帶頭鼓掌，然後是全場一片掌聲。我知道大家的信心回來了，雖然我也很驚訝是這個銷售結果，但我完全不認為是策略出錯，我對 One Cup 還是有信心的，甚至有點小高興，因為這些銷售數字跟市場反應正是我需要的 Hard Data。

副總裁回來了，問了問業總剛才說到哪。然後副總裁也是鼓勵大家不要氣餒，這正是公測的目的，下午跟明後天還要繼續奮鬥。

隨後副總裁把成總、業總、顧問、我、產品經理還有旗艦店的老總跟操盤主管留下做個小討論。大家的決議是：

- 我們對外說是全面公測，所以如果消費者收到貨後發覺不對，可無條件退貨、退錢。

- 所有退貨發生的費用全由九陽承擔。

- 退貨的時間是 6 個月。

- 三天公測結束就暫停銷售隨飲機。

- 隨行杯繼續賣。

京東也一體試用。

✔ 收盤（成果驗收）

三天銷售的數字，淘寶是 2,402 台（但日後退了 700 台回庫）。京東則賣了 250 台。（因為這次所有媒體的引流都引到天貓九陽的旗艦店去，京東自然沒什麼流量。）

失之東隅，收之桑榆。One Cup 雖然賣不好，但由於之前媒體投放、小米事件以及公測期間引起許多跟股市相關人員如證券分析師、九陽股東們等還有一個「雪球投資者」論壇給予 One Cup 的關注，市場面普遍認為 One Cup 將是九陽開啟的新事業跟新模式，會跟美國的「綠山咖啡」（Green Mountain Coffee Roasters）模式一樣，以致九陽的股價大漲。三天下來九陽的市值激增 15 個億。

04 公測復盤

12 月 24 日，聖誕夜這天，九陽內部在杭州總公司就 One Cup 的公測活動做一「復盤」，也就是全面檢討的會議。

✔ 復盤檢討

綜合大家意見，整理對這次公測的看法（其中有加註 ※ 部分是我個人給領導的意見）：

❶ 產品面（功能、使用、包裝）

事項	目前	修正
品牌名稱	One Cup（需要中文名嗎？）	（也許可以有，但不變最好）
One cup Logo	（需要改嗎？）	可以看看新設計
隨飲機	首次使用清洗四次	改成一次
	滴漿	延遲提醒
	每次（日）使用完畢清洗提醒	不動
	Cup 杯放置否？	置入包裝箱（杯把上增加吊牌）
	增加收納盒否？	置入包裝箱
	水箱包裝方式	更換包裝結構

隨飲機外包裝箱	目前設計沒有驚豔感受	更改包裝箱設計，做兩個方案評估： 1. 蛋糕禮盒設計 2. 長方形外包裝設計 外面再用瓦楞紙箱做電子商務配送形式（事業部先進行成本估算） 微信／微博二維碼加入機器外包裝
隨行杯	原味偏甜	增加一款低糖原味（無蔗糖配方）（定制款）
	糖尿病人考慮	無糖配方
	新口味	植物奶茶／炭燒咖啡／低糖原味
	保鮮期短	改為 9 個月
	CUP 封口不平整	填充氮氣（長期工作）
隨行包外包裝盒	包裝結構	改成豎型設計 （已開始設計）

❷ 行銷 4P

事項	目前	修正
價格	隨飲機（幣別：人民幣）	（※ 待重定位討論一併提出）
	■ 定價：1,999 元	
	■ 公測價：799 元	
	隨行杯	（待討論）
	■ 定價：4 元／杯 （起）	分三個價位區段：
	■ 48/56（盒）	2.5 ～ 3.5 元（杯）or 42（盒）
		3.9 元／ 46
		4.5 元／ 54
	（缺：價格比較）	在全家、麥當勞前做口味比較並拍影片，當成活動來辦
經銷管道：	線上	旗艦店、京東
後續	線上	增加：卓嘉、微信購物、易迅購物
	店面銷售	先做實體店面 50 家，同時：
		■ 在上海開一家旗艦體驗店
		■ 陸續開幾家體驗店
		■ 服務人員要有一級的訓練
		■ 從台資服務業挖人
溝通傳播	視覺畫面與文字版本多	文案修正、全面統一再行發佈
	產品小影片不完善	修正後推出
	沒有隨行杯飲用的影片	增拍隨行杯飲用的視頻

試飲體驗	很少	機器先封存檢測，等問題基本解決後再次擴大試飲 ■ 企業入駐 ■ 辦公樓區試飲 ■ 高鐵試飲 ■ 機場試飲 ■ 地鐵試飲 ■ 九陽內部試飲 ■ 各地分部置放 ■ 微體驗後續增加
九陽官網	品牌故事（不全） 畫面沒有隨飲機 杯子不是 One Cup 沒有 slogan 文案不完整	放入 替換 放上 全部完善化（同品牌故事、文案全面翻修進行）
官方微博	剛開始	先把內容梳理好、文案統一
網路興趣用戶	剛開始	抓取進入 SCRM One cup Club 後續方案
淘寶配合方案		（待提出）
京東配合方案		（待提出）
其他電子商務配合方案		（待提出）

❸ 人員與任務編配

事項	目前	修正
動員人員、規模		基本團隊維持不變
品牌傳播		※ 回歸品牌傳播部
		（產品經理要共同參與，不然無法培養實戰經驗）
		※ 請成總、副總裁再次考慮
文案撰寫	無固定人員操作	必須有專人撰寫
		整體風格必須一致
		儲備文字及應付偶發需要
		找人試寫
客服	與九陽系統共用	專案組人員（項目組與研發）參與回復
傳播計畫、策略、方向	分散	要整合規劃並統一執行
		（※ 品牌傳播部 ＋ 產品經理）
社會化媒體網路訊息	剛開始	要有專人負責彙總，當做定期市場訊息提報
SCRM	剛開始	經營無商業行為的 One Cup Club
		SCRM 提出圈進官方微信
退換貨處理	SCRM 處理	SCRM 處理
公關事件處理	新聞部	新聞部

✅ 購買使用者調查

　　公測結束後過了兩週，我們估計購買者也應該有了使用經驗，因此隨即對他們做了份調查，也希望對真正的使用者了解後能給後續 One

Cup 的策略方向帶來具體資料的支持。

我們對購買者以微信（wechat）做載體發給他們一份問卷，填答完畢可用微信直接傳回便於處理。有效樣本一共回收 117 份。

➊ 性別及年齡分析

- 回收樣本中，在男女性別上是沒有差異的（男：59，女：58）（圖表 4-11）。

- 男性購買者的年齡段，最多的是 31 ～ 35 歲（39%），其次是 25 ～ 30 歲（18.6%）及 36 ～ 40 歲（16.9%）。也就是 25 ～ 40 歲占所有男性的 74.5%。

- 女性購買者當中，31 ～ 35 歲佔了 36.2%，36 ～ 40 歲占了 17.2%，41 ～ 45 歲也佔了 17.2%。也就是 31 ～ 45 歲這年齡層占了女性的 70.6%。

- 整體來看，31 ～ 35 歲是最核心的購買年齡層。女性的中堅份子比起男性在年齡上略高。

男，N=59			女，N=58		
年齡	%	累計 %	年齡	%	累計 %
31-35	39	39	31-35	36.2	36.2
24-30	18.6	57.6	36-40	17.2	53.4
36-40	16.9	74.5	41-45	17.2	70.6
41-45	13.6	88.1	24-30	15.5	86.1
>45	6.8	94.9	<25	8.6	94.7
<25	5.1	100	>45	5.2	100
Sum	100		Sum	100	

圖表 4-11：One Cup 購買者性別及年齡分析

② 婚姻狀況

從婚姻狀況來看，平均 80% 都是已婚購買者。而已婚又有 12 歲以下孩子的家庭佔全部的 41%（圖表 4-12）。

	男			女			總計	
	計數	%		計數	%		計數	%
未婚，無孩	12	20.3		11	19.0		23	19.7
已婚，無孩	14	23.7		10	17.2		24	20.5
小孩 0-2 歲	9	15.3		7	12.1		16	13.7
小孩 3-6 歲（幼稚園）	7	11.9		4	6.9		11	9.4
小孩 7-12 歲（小學）	10	16.9		11	19.0		21	17.9
小孩 13-18 歲（初中、高中）	4	6.8		8	13.8		12	10.3
小孩 19 歲及以上（大學、已畢業）	3	5.1		7	12.1		10	8.5
總計	59	100		58	100		117	100

圖表 4-12：One Cup 購買者婚姻分析

③ 所得概況

以家庭月所得來看，One Cup 的購買者在人民幣 1 萬元以上的有 80%。而在人民幣 2 萬元以上月收入的家庭有 39.3%（圖表 4-13）。

家庭月所得 RMB	男 %	女 %	總計 %
<8000	11.9	6.9	9.4
8000-9999	8.5	13.8	11.1
10000-11999	3.4	5.2	4.3
12000-13999	1.7	8.6	5.1
14000-15999	5.1	6.9	6
16000-17999	5.1	0	2.6
18000-19999	1.7	6.9	4.3
20000-21999	18.6	8.6	13.7
22000-23999	0	0	0
24000-25999	3.4	3.4	3.4
>26000	23.7	20.7	22.2
據答／不知道	16.9	19	17.9
總計	100	100	100
>20000	45.7	32.7	39.3

圖表 4-13：One Cup 購買者所得分析

4 職業概況

　　職業情況的調查，整體來看白領階級（參照所得收入）應是最大公約數（圖表 4-14）。

職業或行業別	No.	%	累計 %
自由職業	16	13.7	13.7
商業／貿易	14	12.0	25.6
銀行／金融／證券／投資／保險	12	10.3	35.9
政府機關／事業單位	11	9.4	45.3
個體經營	10	8.5	53.8
電腦／IT	10	8.5	62.4
郵電／通信	8	6.8	69.2
家庭主婦／不上班	7	6.0	75.2
設備加工與製造業	6	5.1	80.3
房地產／建築／建材	5	4.3	84.6
科研／教育	4	3.4	88.0
廣告／設計／諮詢業	3	2.6	90.6
健康／醫療服務／法律／司法	3	2.6	93.2
文化／娛樂／體育／旅遊	2	1.7	94.9
電力	1	0.9	95.7
其他服務業	1	0.9	96.6
退休	1	0.9	97.4
物流	1	0.9	98.3
形象設計	1	0.9	99.1
諮詢	1	0.9	100.0
總計	117	100.0	

圖表 4-14：One Cup 購買者職業分析

⑤ 居住地區

這 117 位購買者的居住地分散在全中國大陸，上海高居第一位（16.2%）。有 50.4% 來自九大都市。北京、上海（長三角地區）、深圳、重慶等地，占全體 43.6%（圖表 4-15）。

No.	居住城市	計數	個別 %	累計 %
1	上海	19	16.2	16.2
2	北京	11	9.4	25.6
3	杭州	6	5.1	30.8
4	南京	5	4.3	35.0
5	深圳	5	4.3	39.3
6	重慶	5	4.3	43.6
7	寧波	3	2.6	46.2
8	蘇州	3	2.6	48.7
9	廣東惠州	2	1.7	50.4
10	哈爾濱	2	1.7	52.1
總計		117		

圖表 4-15：One Cup 購買者居住地分析

❻ 生活態度、生活型態

這些購買者多數自認為是享受和品味生活的、注重飲食健康的、也是科技產品的領先試用者。他們既關注養生保健也會追求生活時尚（圖表 4-16）。

生活態度、生活型態	計數	占比 %
享受和品味生活的人	75	64.1
注重飲食健康的人	75	64.1
智慧化／科技化產品愛好者	73	62.4
關注養生保健的人	59	50.4
關注和追求時尚的人	44	37.6
喜歡旅行的人	35	29.9
疲於工作與生活，期待解壓的人	34	29.1
烹飪愛好者	34	29.1
我很滿足當前生活狀態的人	31	26.5
關注美容養顏的人	29	24.8
生活平淡的人	17	14.5
其他，請註明：好奇的人，新產品 tryer	1	0.9
合計	117	100.0

圖表 4-16：One Cup 購買者生活態度、生活型態分析

7 對這次購買，他們的訊息來源

　　購買者如何知道 One Cup 產品的訊息來源調查中，90.6% 來自淘寶的聚划算和九陽官方旗艦店（圖表 4-17）：

從哪裡獲知 one cup 產品資訊的？（可多選）	計數	%	累計 %
聚划算	60	51.3	51.3
九陽官方旗艦店	46	39.3	90.6
媒體微博	11	9.4	
One cup 官方微博	10	8.5	
同事／朋友	10	8.5	
微信	9	7.7	
九陽官方微博	7	6.0	

其他，請註明＿＿＿股票資訊管道（論壇、股吧、股市暴漲）	7	6.0	
其他，請註明＿＿＿雪球	6	5.1	
網路紅人微博	5	4.3	
從百度／360等搜索引擎頁面，輸入九陽／豆漿機／one cup，看到one cup	3	2.6	
其他，請註明＿＿＿新聞（騰訊新聞）	2	1.7	
來往	1	0.9	
客服推薦	1	0.9	
網路視頻（影片）	1	0.9	
其他，請註明＿＿＿報紙	1	0.9	
其他，請註明＿＿＿京東	1	0.9	
合計	117		

圖表 4-17：One Cup 購買者購買訊息來源分析

⑧ 購買目的是給誰使用？

65% 的購買者是買給全家人使用。放在辦公處所的有 9.4%（圖表 4-18）。

請問您買 one cup 產品主要是給誰使用的呢？（單選）	計數	％	累計 ％
全家人一起使用	76	65.0	65.0
我自己一個人使用	14	12.0	76.9
放在辦公室使用	11	9.4	86.3
買給家裡的其他人使用	11	9.4	95.7
送人／送禮	2	1.7	97.4
新東西研究探索用	2	1.7	99.1
自己用一個，給父母一台，公司用了兩台	1	0.9	100.0
總計	117		

圖表 4-18：One Cup 購買使用者分析

⑨ 飲用時機

　　購買者最常飲用 One Cup 的時間和場所有 83% 是在家裡（圖表 4-19），跟使用對象有所呼應。

您飲用的習慣是怎樣的呢（時間和場所）？（可多選）	No.	%
早餐時間，在家裡喝	83	71
隨時，想到就喝	53	45
睡前時間，在家裡喝	23	20
週末喝	23	20
晚餐時間，在家裡喝	14	12
下午茶時間，在辦公室喝	12	10
上午茶時間，在辦公室喝	11	9
下午茶時間，在家裡喝	11	9
早餐時間，做好在去辦公室的路上喝	8	7
中餐時間，在家裡喝	6	5
上午茶時間，在家裡喝	4	3
中餐時間，在辦公室喝	2	2
晚餐時間，在辦公室喝	1	1
總計	117	

圖表 4-19：One Cup 購買飲用時機分析

⑩ 對隨行杯的口味偏好

　　對隨行杯的口味偏好可以複選，其中對「經典原味豆漿」有 82% 的偏好度（圖表 4-20）。

您喜歡的口味有哪些？（可多選）	No.	%
經典原味豆漿	96	82
臻品拿鐵豆啡	57	49
桂圓紅棗豆漿	48	41
薏仁燕麥豆漿	37	32
山藥紫薯豆漿	28	24
鹽綠抹茶豆漿	27	23
總計	117	

圖表 4-20：One Cup 購買者對隨行杯口味偏好分析

⑪ 對隨行杯的甜度看法

關於隨行杯甜度的調查，我們用五等分方法詢問感受度，填答「非常甜」和「比較甜」的綜合比例落在 26% ～ 38% 之間（圖表 4-21）。

	非常甜 %	比較甜 %	+
經典原味豆漿	4	30	34
鹽綠抹茶豆漿	7	20	27
薏仁燕麥豆漿	2	26	28
山藥紫薯豆漿	3	28	31
桂圓紅棗豆漿	5	33	38
臻品拿鐵豆啡	4	22	26

圖表 4-21：One Cup 購買者對隨行杯甜度感受分析

⑫ 對「隨飲機」的滿意度

綜合來看對「隨飲機」的滿意度，選填「滿意」、「非常滿意」的有 90%（圖表 4-22）。

對 One Cup 機器整體滿意度	No.	%
非常不滿意	1	1
一般	11	9
滿意	71	61
非常滿意	34	29
總計	117	100

圖表 4-22：One Cup 購買者對機器滿意度分析

⑬ 對「隨行杯」的滿意度

關於隨行杯的整體滿意度分析，選答「滿意」和「非常滿意」者有 74.4%（圖表 4-23）。

對隨行杯整體滿意度	No.	%
非常不滿意	2	1.7
不滿意	3	2.6
一般	25	21.4
滿意	65	55.6
非常滿意	22	18.8
總計	117	

圖表 4-23：One Cup 購買者對隨行杯滿意度分析

⑭ 對「30 秒」利益點的理解度

有 63% 的填答者對此表示認同。

⑮ 對「30 秒豆漿，就這麼簡單」的理解度

56% 的回答者喜歡這句話。

⑯ 他們對隨飲機一般的負面看法

以下三點是歸納後最多數人對隨飲機的負面觀點：

- 誤以為是豆漿機（可放豆）
- 不理解「隨飲機」概念
- 對必須配套隨行杯，覺得是被綁約

⑰ 他們對隨行杯一般的負面看法

- 嫌貴
- 嫌口味少
- 懷疑品質

⑱ 綜合結論

綜合這份第一手調查結果，對日後該做哪些修正我做了一份整理：

行銷重點	重要結論、發現
定位設定	■ 男女性別＝ 1：1（女性可以略高）
	■ 年齡：
	□ 核心群：31 ～ 35
	□ 擴散群：36 ～ 40
	■ 婚姻：已婚
	■ 家庭月所得：10,000 ＋（人民幣）
	■ 職業：白領
	■ 居住地：上海長三角區域、北京
	■ 生活型態：重視生活品味

參考領域	■ 不理解「隨飲機」
	■ 以為是豆漿機
	■ 若說是像是「膠囊咖啡機」就理解且接受
利益點	■ 接受「30 秒」的訴求
媒體訊息來源	■ 網路傳播聲量大，但沒有轉換到購買量
	■ 訊息接受者與上網選購者重疊比率不高，年齡層反映出購買者不是網路大量使用者
使用動機	■ 家庭用使用，大多數
隨行杯飲用時機	■ 早餐
最喜歡口味	■ 原味豆漿
口味	■ 1/3 認為偏甜
	■ 應該推出低糖口味
機器問題	■ 不理解隨飲機
	■ 教育溝通不能只藉助網路
	■ 讓消費者體驗才是最好的溝通
	■ 要溝通配套使用
隨行杯	■ 擔心長期使用花費貴的問題（會與一般市售豆漿類比價位）
	■ 擔心品質
	■ 需要溝通隨行杯品質的優良
文案說明	■ 不夠清晰，以致消費者疑慮很多
	■ 不能只依賴網路內容，消費者不會仔細閱讀
機器使用後的問題	■ 溢漿問題
	■ 刺針堵塞

05 傾聽鐵粉之聲

　　為了傾聽購買者的第一手心聲也為了建立 One Cup 的粉絲群，在 2014 年的 1 月 18 日，我們從公測購買者中區分出居住在上海、杭州的顧客群，再隨機抽選 15 位，邀請他們來九陽杭州總部參訪。活動有兩部分，先是邀請兩位大廚把隨行杯能有哪些點心的作法做個示範，再來就是做簡單座談會聽聽他們使用 One Cup 的心得與其他建議。這些心聲以及我們的觀察與解讀整理如下：

大項目	細節	內容說明
粉絲回饋	機器方面	■ 普遍認為有時尚感 ■ 希望在機器上有直購電話，可以通過電話或者微信直接購買（旗艦店發貨慢）
	隨行杯方面	■ 幾乎早上都會飲用 ■ 每天一、兩杯很正常 ■ 口味可再增加 ■ 應出低糖配方 ■ 價錢應下調（每天兩杯長期下來費用很可觀） ■ 想看到隨行杯生產流程（包括生產基地、生產工廠、隨行杯產出、封裝過程），起碼能有影片能看看 ■ 想確切知道跟市面上的豆漿粉有何差異 ■ 想知道品質是否真如 One cup 所宣示

	傳播方面	■ 九陽官網的設計太粗糙，要定期維護
		■ 利用微信定期發送 DIY 食譜
		■ 雪球上有 one cup 帳號，但無人維護
	體驗方面	■ 均很讚賞九陽此次活動
		■ 如能經常舉辦會更能拉近消費者距離
		■ 活動有個主題會更好
		■ 能設計親子參與的一定會很受家長喜愛，即使收費也沒關係
		■ 若九陽在上海有間實體體驗店，一定會很受歡迎，但成本不希望轉嫁給消費者
	此次活動流程	■ 很周到
		■ 廚師的食譜應該讓粉絲能看到，有學習機會。放到網站或微博上會更好
本次活動改善方向	流程改善	■ 消費者希望參觀生產線（尤其是隨行杯的工廠）
		■ 教學部分除拍照外，應拍攝影片上傳
	細節改善	■ 工作人員統一服裝或標牌，便於粉絲區別
		■ 消費者 DIY 時，列印一份快速操作指南
九陽的發現	人群匹配	■ 無法從穿著和氣質上簡單評判是否目標人群
		■ 高教育、高收入人群，對新鮮事物積極嘗試
	推廣發現	■ 全面上市時，傳播重點可考慮證券行業論壇
		■ 現場互動體驗，孩子一同參加活動效果更佳
		■ 高校和行政單位利用公費採購市場潛力很大，且可影響個人市場。

06 策略翻修

 組織變化

　　九陽每年年終都會做全員的「述職」──個人年終績效考核。也會在農曆年前調整組織與人事。One Cup 最大的變化就是整個項目組轉到電子商務中心，但仍然是單獨的項目組，成員也增加兩位原電子商務人員擔任助理工作。

　　One Cup 移到電商還有段插曲。在 2013 年底時，公司內部培訓，提出擁抱互聯網的大方向，且總裁親自上場，要大家積極提出所負責工作的互聯網策略。除此之外，公司也認為 One Cup 適合走電子商務通路，就計畫要自己經營電鋪的運營，成立自己的旗艦店來銷售 One Cup。

　　（都有這麼大變化了，再多一件也不怕）：品牌傳播王總監私下先跟我說她已提出辭呈，預計年後離開。我原想跟成總提出把品牌傳播的工作再拿回到市場中心，雖然曾經跟成總打過電話稍稍透漏點意思，但情況這麼演變只能接受現實了。

 試圖重定位

❶ SWOT 更清楚了

　　春節回台灣休假，心中是一刻也忘不了 One Cup 下一步該怎麼走！再次拿出 SWOT（圖表 4-10）來重新剖析，因為這次有了實際銷售數據與粉絲心聲作基礎，想法又更貼近一層。來看看 SWOT 的細節：

SWOT	第二版內容	評估	更新
S	方便 營養健康 九陽背書	概念能接受、也確實體驗到。沒傳遞，消費者其實有疑慮。 沒多少作用，因為 One Cup 應該是食品業範疇，而這非九陽品牌資產！	「方便」依然是產品利益 要溝通來讓消費者理解

> 小結：
> ※ 考量生活型態、年齡、所得因素，還是應該訴求「生活型態」為主，方便為副。
> ※ 早上訴求才是最貼切消費習慣的。

SWOT	第二版內容	評估	更新
W	品質不穩定 機器＋飲品價錢貴	確實要改進 要降價	全面檢修、程序更新。 隨飲機要降價、隨行杯也要降價。

> 小結：
> ※ 要讓整體購買成本低！
> ※ 要有一款隨行杯產品是平民價格，以便類比到市場一般行情。

| O | 時尚風潮 | 可以接受，但這靠視覺就能解決。 | 時尚依然是個性。 |
| | 小米話題 | 對銷售幫助不大、對品牌只是一陣風潮，長期沒意義，不應再傍大款。 | 要把體驗做出，消費者就能感受到 One Cup 好在哪裡。 |

> 小結：
> ※ 讓消費者體驗是最好的銷售武器！
> ※ 試飲活動一定要先做。
> ※ 讓試飲者幫 One Cup 傳遞品牌訊息。
> ※ 讓消費者到東北大豆基地實際參訪。
> ※ 低糖（無糖）配方是消費者要的。

| T | 消費者不理解 | 很大的困擾 | 命名要改 |
| | 接受度低 | 連帶引發的 | 要給消費者體驗 |

> 小結：
> ※ 對「隨行杯」不理解！
> ※ 對隨行杯內容物的疑慮！
> ※ 對廠商的不信任！

❷ One Cup 第三版 SWOT

對 SWOT 有新的體會和證據後，我依然自己先做功課，寫出第三版的 SWOT（圖表 4-24）：

One Cup / 外購早餐飲品	優 勢 Strength	劣 勢 Weakness	機 會 Opportunity	威 脅 Threat
威 脅 Threat	方便 時尚			
機 會 Opportunity		品質不穩定 機器＋飲品價錢貴		
劣 勢 Weakness			早上的飲用習慣 推出低糖品項 推出 2 元豆漿 極致體驗、試飲 大豆基地的參訪	
優 勢 Strength				消費者不理解 懷疑內容物

圖表 4-24：One Cup's SWOT 第三版

❸ 重定位的企圖

年後上班沒幾天，總裁召集原班人馬要聽聽公測的結果報告。我同時整理出市調報告與粉絲活動的心得，目的在重提定位方向。

我的企圖心先集中在兩點上：

隨飲機命名改為「膠囊豆漿機」

「30 秒豆漿」的定位改為「One Cup 把時間還給你」

關於第一點，總裁意願不高，並且重提「豆咖機」的名稱希望我們考慮（公測期間有做過中文名稱的徵選，但選出來的大家都不認為有多大改變）。

副總裁叫項目組做個調查，看購買者他們的意見。這是有關命名的結論。

至於新的定位方向，我一方面把先前觀點重新再說明，並提出雖然調查結果消費者喜歡 30 秒訴求，但理由我之前就猜到，在先入為主下當然會有好感度，且我個人並不反對，我只是擔心這是產品的功能層次。而調查結果卻明確告訴我們，購買人群是典型的一線城市小資人群且有明確的生活品味，是這個背景他們才選擇 One Cup 的。因此我建議把生活態度與便利因素合併，提出「One Cup 把時間還給你」做新定位方向。

大家的反應呢？無人支持！反對最集中在一點：（才剛做）不應該這麼快換方向。

其實這觀點我是接受的。但我還是想挽回，因為我始終認為找出正確的方向才是！

然而還是被大家否決，於是從此我再也不提。

 產品大翻修

報告中有提到想把包裝全部翻修，讓消費者有驚喜的感覺。這點研發單位非常反對，因為過去的家電業者都沒這麼做，消費者買到後也沒說包裝不好，為何要改呢？已經做好的包材要報廢，已經裝箱好的還要返工再拿出來重裝一次！但這問題倒是獲得副總裁全力支持，於是包括

隨飲機的使用程序還有與隨行杯的外箱跟內襯都進行重新設計。

免費策略

定位沒有機會更改,那快速普及機器這件事是我認為另一根本的議題:經營模式的決定。

一來之初我就認定一定要快速把機器灑出去才能創造規模經濟。但先前由於沒有數字做為依據只能各憑想像,而現在機會來了。

1 購買者對隨行杯的使用調查

★ 購買調查

我們調查購買者的購買情況。購買使用量計算分成幾步驟:一、公測購買時有贈送 36 杯;二、春節前又對這些首批購買者贈送 36 杯,所以光贈送部分就有 72 杯。

在這段期間有多少人實際購買又購買多少量是下一步所要計算的。我們把旗艦店顧客購買資料翻出,發現在過去兩個月內(2013/12/17 ～ 2014/02/12)實際購買者有 484 位,先把這群人稱為「活躍者」;這些活躍者的購買量以及加上贈送量,算出平均每月他們消耗的隨行杯是 54.9 杯。資料見圖表 4-25:

	購買量部分			贈送量分析			估計每月消耗量 C=A+B
	會員數	2個月累計購買量	每月從購買中消費杯數 =A	公測期間贈送量	春節贈送	每月從贈送中消費杯數 =B	
每月消費 <=30 杯	443	14,796	16.7	36	36	36	52.7
每月消費 >30 杯	41	3,516	42.9	36	36	36	78.9
總計	484	18,312	18.9	36	36	36	54.9

圖表 4-25：One Cup 隨行杯活躍者消耗量分析

沒購買的人，可能還沒消耗完也可能不想買，所以我稱購買者為活躍者。他們占已購人群的比例呢？答案是 28%（=484/1702）。

★ **活躍者利潤貢獻分析**

把 28% 當作活躍比例，把 54.9 杯當成他們每月消耗量，那如果只計算這群人的年度消耗量，以及平均每杯的利潤推算為 1.5 元（各口味平均推算），則每賣（或送）一台隨飲機出去，估計每年會帶來 281 元的利潤貢獻（圖表 4-26）。（由於這是唯一的數字基礎，到底誤差多少、是否太樂觀等都無法得知，故只能拿這數字做後面一切討論的基礎了。）

活躍者每月消耗量	54.9
活躍者每年消耗量	659.0
平均每部機器 每年消耗杯量	187.4
平均每部機器 每年貢獻耗杯利潤	281.1

圖表 4-26：每台隨飲機年貢獻利潤

❷ 免費策略

　　我寫了一個所謂「超級策略」計畫單獨跟業總做報告。報告的重點在：

　　儘快送出去五萬台的隨飲機。方式可跟淘寶合作用活動名義或廣告交換來找到合適的個人或企業（以購買者輪廓做標準），也可找銀行信用卡中心合作找卡友做贈送對象。方式當然可以設計，但目的就是先普及才有規模、才能降低生產成本也能降低隨行杯成本。

　　同時把隨飲機日後的售價降為 399 ～ 499 元（人民幣）之間，不要求賺錢了。

　　儘快做試飲活動，且是大規模的來做。

　　關於這三大議題，業總的回覆是：

　　499 的價格絕不可行！公司不會接受的。想賣 399 成本價就更不可能了！

　　送幾萬台出去也不可行。萬一機器出去了，一些做山寨食品的馬上就會推出隨行杯，那九陽不是白送機器出去？

試飲可以，但只做企業入駐，先試著找 20 家來做。

 命名調查

命名調查結果出爐：「膠囊豆漿機」勝出。調查結果立刻用微信發給各位領導。

 4P 修正

再次把 One Cup 正式上市前的 4P 計畫向副總裁做彙報。這些重點（同時結合我的報告與小許找廣告公司溝通的部分）有：

① **產品與價格**

項目	重點
產品：	
命名	改為「膠囊豆漿機」
使用程序	大修改
包裝	大翻修，改為禮盒包裝，給消費者極致體驗
新品	推出三個新口味，其中一個是低糖原味豆漿
價格：	
機器	499 元（人民幣）／台
隨行	分三個級距，把「經典原味」降為 2 元（人民幣），對外就可以說「每杯 2 元起」

先說命名。即使有了調查結果，但副總裁還是沒有決定。（日後跟

總裁彙報時也同樣沒有採納，仍維持「隨飲機」的名稱。）

再看價格。副總裁不但不接受 499 元的降價，反而提出要賣 999 元！她的說法主要是：「公測期間賣 799 元，現在正式上市，你們反而賣這麼便宜，怎麼向這些首次購買的人交代呢？而且線下實體店面也要開始賣吧，499 元的售價怎麼賣？」

我：「不能因為公測這些近二千位的忠實顧客而放棄最該做的事。最壞的打算就是全部退錢給他們！One Cup 必須要問什麼是最該做的。如果線下有問題，那就虧本賣當作試飲活動也不求賣幾台出去，或是就不做線下銷售。」

「你說的完全不可行！」硬生生地被副總裁給駁回。（業總還拉了我一下算是暗示吧。我也知道這件事是不可能改變的。）

因此，隨飲機日後新的上市價格就是：999 元（人民幣）。

至於隨行杯的價格基本如提案所列，以後的口號就稱做：「2 元起。」

❷ 線下啟動

線下既然要啟動，目標是先選 50 ～ 100 家左右的優質店去談。這工作主要都是由產品經理去協調的。

❸ 試飲活動

如上文所述，先在上海找第三方合作公司幫我們找出合適企業 20 家做試飲，由推廣經理去統籌。

❹ 上海體驗店

既然粉絲告訴我們，他們一試就愛上 One Cup，我們也在網上招募

一些體驗者試用，多數反應也是先說聽不懂但一用就愛不釋手。所以我提出在上海找個地方做成 One Cup 體驗店，同時達到三目標：免費體驗、廣告效應與長期粉絲活動場地。

副總裁沒反對，只說可以去找找看，再評估要多少費用。這事請顧問幫我們去進行。

⑤ 傳播計畫

傳播計畫還是由小許負責，一樣找上次那家廣告公司提案。提案內容有兩重點：

★ 與韓寒團隊合作

廣告公司建議與韓寒團隊合作，從他（們）的餐廳、寫的書、T 恤以及依然找許多名人做微博、微信傳播，但韓寒本人不出面，也不能直接說韓寒跟 One Cup 的關係，原因是：「怕韓寒不高興！」

我參加第一次的提案會議。聽到這段，真不知能說什麼！但九陽年輕的同事們卻異常興奮，尤其是小許跟我的產品經理。

韓寒我是真的不認識，所以我保持沉默。我只提醒大家看看使用者調查報告，去翻一翻使用者的基本人口變數以及這些使用者圖像跟韓寒的粉絲群有多少比例是重疊的。

業總倒是有提醒一件事：「第一次公測的購買群體不一定是未來 One Cup 真正的核心群體。」

完全同意。但這是手邊僅有的資料，我們該接受多少？如何判斷？

★ 拍新視頻廣告

廣告公司另一個提議是要再拍一支視頻（影音）廣告，主題是：「咖

啡也是豆漿」。

先不談這細節，我直接了當地問他們：「上次那支影片就不用了？它可是花了 40 萬（人民幣）製作費而播出不到一週的作品喔。」

「還是會用的，會找一些適合的互聯網平台播出。」

「所以你們是打算播兩支影片？」我再問。

「預算可以的話是想這樣。」

我：「這支新影片估計要多少製作費？」

「現在還沒定，大約 4、50 萬（人民幣）吧。」

我接著再請問廣告公司，原來的主題（30 秒豆漿就這麼簡單）跟這次的「咖啡也是豆漿」不是變成兩個主題嗎？One Cup 才剛上市（用領導質疑我的問題）就更換主題合適嗎？

「我們認為互聯網時代就應該不斷炒作話題來帶動。咖啡也是豆漿，既可把咖啡拉下來跟豆漿同一個層次又能把豆漿話題炒熱。」這是他們的回應。（小許跟產品經理也很熱衷這論調。）

如我先前第一次聽他們提案時所料。（我有時實在很痛恨自己料事如神。）

我私下跟業總報告，千萬不要再拍影片了！不能這樣亂花錢。公測那次已經花了人民幣 250 萬，而結果如此。如果再失敗一次，公司不會再有第三次了！

之後的媒體會議我就沒有參與了，由產品經理出席。只從產品經理那得知視頻沒拍，但還是跟韓寒團隊合作，韓寒也真的沒出面說幾句。（後來得知，這次的媒體傳播預算將近 200 萬（人民幣）。）

07 正式上市

信心與隱憂

1 上市前最後一次彙報

上市前三天，照例，總裁又問了我們彙報準備如何。等大家報告完畢，想不到總裁竟說了一句：「如果賣 499 元（人民幣）一台不知會怎樣？」

無人答腔。會議到此結束。

2 我跟產品經理的對話

會議結束後我跟產品經理閒聊，又猜猜這次會賣多少台云云。他先說：

「Jesse，這次總不會比上次差吧。」

「你猜會賣多少呢？」

「不算 50 家的線下實體店面，只看旗艦店（因為九陽還沒準備好直營，所以這次還是由旗艦店操作），少說 5 千台沒問題吧。」

「我猜不是大好就是大壞！關鍵還是兩個：隨飲機名字跟售價。」

「剛才總裁也說想賣 499 元，可見他也有這意向。」

「是，可我不想翻案了，就讓結果論輸贏吧。」

❸ 做足準備

九陽把這次上市稱做「正式上市」，淘寶獨家先做，從 4 月 11 日起做三天活動。九陽依然投入很多資源希望能帶來流量。

旗艦店把網頁徹底翻修，頁面簡單多了，也更強調非基因改造黃豆跟零添加色素與防腐劑，把營養健康部分給突顯出來。

活動依然有，但沒上次複雜。預購改為人民幣 1 元（可扣抵 100 元），當日購還加送 50 元（人民幣）手機話費，另有韓寒的簽名書與 T 恤當贈品等等。4 月 10 日為止的預購數是 1,489 位。

客服人員的培訓與兩方投入做客服的工作一如上次。一切準備妥當，就等明天結果了。

✓ 再吃一驚

同樣到中午結算，銷售數字：不到 300 台！

✓ 驚慌失措

也是同樣的，副總裁下午出現，但這次只有她一人。照舊是開檢討會議，她先問我有何看法。

「三方面：首先是媒體傳播的對象跟目標群不吻合，但還需要驗證。二、價錢太貴，比上次還貴，欠缺購買意願。第三還是一樣，不理解什

麼是隨飲機。」

其他人，包括產品經理也是同樣觀點，尤其是售價。因為上午的情況沒什麼人問隨行杯的價錢了，也就證明了「2 元起」是改對了。

那怎麼辦呢？

我：「有個建議。我們對消費者說我們錯了，不應該訂這麼高的價位，至於賣多少還沒想好。」

副總裁：「不能這麼說！」

「我倒認為這才是互聯網的思維，我支持 Jesse 的主張。」看產品經理很快就投我一票，我內心頗為感動。

副總裁繼續問：「大家是否都認為價錢是最大關鍵？」

沒人提出異議。

大家討論一陣子都沒什麼好對策出來，然後聽到一句「0 元購」！且是副總裁說出的。我還怕聽錯了，趕緊求證一下：

「0 元購機？」

「是。」

「給誰的？」

「針對預購客戶以及來詢問的。目的主要是把預購客戶給爭取過來。」

我真有點傻住了。產品經理也不贊成。

我又問：「僅為了預購的一千多位，一天不到就改為 0 元購，這不是讓消費者更以為我們是毫無章法嗎？就算這三天只賣 300 台，起碼我們的價格是堅持住的。還是堅持這三天，但把其他活動預算給停掉，等下次再想該賣多少錢。」

「這樣做就把先前的預購客戶給放棄，太可惜了。」副總裁繼續說：「我們想個方式說，不是直接送，而是現在買的錢在半年後可全額退還，就等於0元購，且一定要等半年才可以退錢。」

副總裁堅持這方式處理，且立刻以電話會議的方式把業總、成總給拉進來討論我們打算這麼做，並聽聽他們的意見。

成總很不以為然，但又不想多說什麼，只說讓我們決定吧，不必急著說服他。

業總跟我們反覆討論，最後也接受這方式。

於是大家趕緊分工，把預購者的資料調出，每人分定額一個一個打電話跟預購者解釋其實這次是有個0元購方案，但只限這三天才能享有，且要先付款，但半年後可全額退費。

三天下來，總共銷售650台。

 最後烏鴉一次

之後也是開復盤會議、也跟總裁做報告，但總裁這次在公司請大廚準備好吃的，也算晚宴吧，招待整個團隊，算是慰勞大家。當然，總裁是有話說的：

「這次上市，數字不理想，我想大家心裡是有挫折的。不過沒關係，One Cup本來就是新概念，要市場那麼快接受是有難度的。但不管怎樣，我想聽聽大家的總結意見，你們認為 One Cup 到底該怎麼做呢？」

接著每個人都說了說自己的感觸，論調跟先前沒啥不同。

總裁再問一個問題：「如果 One Cup 一年想賣一個億，包括機器

跟隨行杯，你們認為該怎麼做？」

　　每個人輪番說了一下。我想了想之後，還是忍不住多說幾句，算是臨別贈言吧：

　　「我的看法是，送出十萬台機器出去、改稱膠囊豆漿機。另外加一個更大膽的提議，把 One Cup 小組人員整個搬到上海，不能待在這下沙工業區。因為我們的購買者都是一線城市的高端消費群，他們每天接觸的都是中國最先進的資訊跟商業環境，而策劃 One Cup 的人住在這偏僻的工業區裡想賣時尚家電給他們，實在很不可思議。」

　　這是我最後一次當九陽的烏鴉。

08 後記

功未成而身退。我是在五月份離開九陽。

後來到了六月吧，禁不起好奇想看看「One Cup」的新動態，於是上了官網，看到兩件事：

命名：『膠囊豆漿機』

特價：每台 499 元（人民幣）

我找出圖表 4-24 看看最後一次所做的 SWOT，再看去年一開始所寫的「隆中對」…

Chapter **5**

磨劍——
舊產品面臨新機會
該怎麼用？

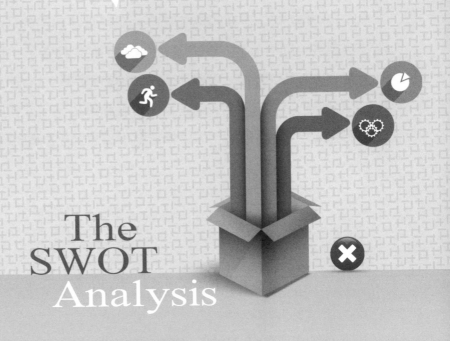

The
SWOT
Analysis

大陸空氣清淨機市場

　　如果我還年輕，問我大陸的哪個產業或是產品可以做，我會先選家電業的空氣清淨機市場。理由是——

■ 大陸的空氣污染越發嚴重，以前只有北方、只有沙塵暴；但自去年在杭州碰上霧霾後（所謂 PM2.5），深深體會到大陸的空氣汙染問題只會加重，再也回不到好空氣的年代了。

■ 空氣清淨機的市場普及度才剛起步而已。

　　回想 1992 年陪母親回東北老家，還帶當時熱門的「三大件、五小件」給親戚。而今大陸的家電普及率如何呢？我查了一下網上資料，只找到 2009 年的數據，發現城鎮居民擁有彩電、空調的比率已超過 100%（圖表 5-1）。現今 2014 年 9 月我動筆這刻，此後的普及率是只會增不會減的（尤其前兩年大陸搞家電下鄉政策給激勵的）。

家電	%
彩電	135.65
空調	106.34
冰箱	95.35

圖表 5-1：中國城鎮居民 2009 家電普及率

在一二線城市，基本上家家戶戶都有了彩電跟空調，那對身體健康有嚴重影響的空氣清淨機又有多少普及率呢？

往下深論之前有必要做個消去法：在中國空氣污染嚴重的地區首推華北、西北，再來應該是東北，加上剛淪陷的華東地區，也就是空氣清淨機並不是每個省、市的居民都有需求的，所以要論普及率肯定不能跟電視機比。但即便如此，上述這些地區的人口（家庭）總數也夠龐大了。

我從朋友處看到一份中怡康調查公司對實體店面空氣清淨機的銷量調查資料（圖表 5-2），在所謂城市的定義地區（1～4 級市場），最新一年的總銷量是 304,754 台。但因為沒有線上的銷量數據，所以無法得知市場總銷量。即便如此，區區 30 萬台的線下店面銷量，和彩電、空調相比，空氣清淨機一定是處在市場週期的進入階段。

	銷售量	銷售金額 （000）	平均售價
一級市場	239,598	719,801	3,004
二級市場	52,189	150,670	2,887
三四級市場	12,967	32,099	2,475
Sum	304,754	902,570	2,962

※ 中怡康資料（幣別：人民幣）

圖表 5-2：空氣清淨機銷量統計（'13/3~'14/3）

順著同樣邏輯推測，以產品生命週期曲線來對照彩電、空調、冰箱與空氣清淨機，在這我多加一個風扇進來做對比，因為風扇相比其他家電，更是早早普及到各個家庭，每年的需求量雖也不小，但集中在兩方

面的需求：個人新購買的（如每年新的學生市場、家裡某個房間多買一
台電風扇）和舊換新。圖表 5-3 就描繪這些家電的普及情況。

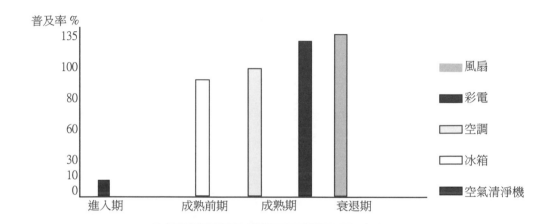

圖表 5-3：大陸家電市場生命週期

　　在圖表 5-3 中，從右到左（PLC 的反向：衰退、成熟、成長、進入），
依次是風扇（雖然不知普及率，但猜測比彩電高）、彩電（135.65%）、
空調（106.34%）、冰箱（95.35%），以及最左邊的空氣清淨機，雖不
知空氣清淨機確切的普及率，但筆者推論它還在市場早期進入階段（以
量來推估）。這麼分析下來，空氣清淨機市場肯定是大有可為：有需求、
潛力大、處在市場早期階段。

　　除此之外，**競爭者地位尚未完全定型**也是這個階段的特點之一。以
下就來看空氣清淨機市場競爭者的輪廓。

02 競爭者分析

✔ 空氣清淨機市場百家爭鳴

同樣根據中怡康的數據顯示，在 2013 年度線下銷量中的 304,754 中，幾個廠商的佔有率也有估計值，見圖表 5-4：

Y2013		
品牌	預估市佔率 %	估量
飛利浦	33.0	100,569
松下	23.1	70,398
亞都	10.6	32,304
夏普	7.9	24,076
布魯雅爾	4.7	14,323
惠而浦	2.4	7,314
大金	1.5	4,449
艾美特	0.5	1,493
其他	16.4	49,827
Sum	100.00	304,754

※ 中怡康資料

圖表 5-4：空氣清淨機品牌市佔率估測

由圖表 5-4 透露出幾個訊息：

■ 看整體市場，幾乎可說是外資、外商品牌的天下；本土陸企只有一家上榜：亞都。

■ 市場上夠份量的廠商（以市占率 >5% 作標準）有四家。

■ 市占率超過 10% 的有三家。

■ 亞都市占率進入 5% 門檻且還是超過 10% 的前三名。

■ 以惠而浦跟大金來看，他們的市占率也不過 2.4% 與 1.5%，但是「其他」這類的總市占率卻高達 16.4%！可見生產空氣清淨機的廠牌還有很多，但其占有率都微不足道。

未來的演變不外乎兩種情勢：

■ 前五名互相競爭下，基本局面還是他們佔據大市場。

■ 反向思考就是：觀察中國大陸多年來家電市場的演變，一開始都是進口品牌的天下，哪有國產品牌說話的份！但隨著時間推移，國產品牌就是能夠發揮在地優勢（通路），又學習快速，最後反而能超越進口品牌。空調、彩電、冰箱以及廚房小家電不都是如此嗎？

筆者不想去猜測未來十年的演變，但對國產品牌亞都能打入前三名卻頗為好奇。因為上述數字都是線下店面銷量沒有線上的銷售，所以我就從京東商城的資料來做第二求證。

✔ 京東評價數據

凡在京東商城購物的消費者可以就購買產品（經驗）提出評價，既

可當作消費者意見或是抱怨，也同時給其他買家做參考。我就以前七大品牌全產品系列（不含車載空氣清淨機）的評價數做統計，以此做另一個市占率的參考指標。

首先看京東的評價數（圖表 5-5，資料擷取日為 2014/09/22）。需說明一下，京東商城上並沒找到惠而浦空氣清淨機的資料。縱軸是價格，我以人民幣一千元為級距，由於空氣清淨機在京東的售價多以 99 之類的尾數為訂價形式，因此價格級距就以此為分級。橫軸則是每個品牌在每個價格級距中，落在這級距內的所有品項（如售價在人民幣 1,999 ～ 2,998 之間）所顯示的評價數加以累積而得。

價位	飛利浦	松下	亞都	夏普	布魯雅爾	大金	總計
>= 6999	0	0		2	1,986	3	1,991
5999~6998	553	0			547		1,100
4999~5998	202	115		138	0		455
3999~4998	12,311	856		2,576	3,122	1,934	20,799
2999~3998	10,914	2,507	317	6,470		382	20,590
1999~2998	489	2,614	4,735	9,786		3,709	21,333
1001~1998	2,133	1,971	3,858	4,814			12,776
<=1000	1,140	23,112	6,549				30,801
小計	27,742	31,175	15,459	23,786	5,655	6,028	109,845

（幣別：人民幣）

圖表 5-5：京東空氣清淨機品牌評價數分析

 ## 線上與線下市占率抽樣對照

在此僅以京東做線上銷售的抽樣對象，看看前七大品牌的市占率在

線上與線下店面銷售的估測做個對照參考,參見圖表 5-6:

品牌	中怡康數據		京東評價數據	
	估 量	預估佔比 %	評價數	預估佔比 %
飛利浦	100,569	40	27,742	25
松下	70,398	28	31,175	28
亞都	32,304	13	15,459	14
夏普	24,076	9	23,786	22
布魯雅爾	14,323	6	5,655	5
惠而浦	7,314	3	-	-
大金	4,449	2	6,028	5
Sum	253,433	100	109,845	100

圖表 5-6:中怡康 vs. 京東七大品牌佔比對照分析

　　單就京東評價數來看,松下的評價數高於飛利浦。而松下跟亞都在兩類的占比上倒頗為一致。因為資料不全面,讀者可自行參考,相信幫助還是有的。

 品牌定位圖

　　現在嘗試做一個品牌定位圖,且是有價位區段作分級的。

　　由於中怡康的數據沒有分價位段,因此還是把京東的數據拿來做參考。做法分兩步驟:首先,把圖表 5-5 的評價數轉換成比率,並以每一價位區段中(同樣的,如人民幣 1,999 ～ 2,998 元)的總評價數做分母,如圖表 5-7:

價位	飛利浦	松下	亞都	夏普	布魯雅爾	大金	總計 %
>= 6999				0.1	99.7	0.2	100
5999~6998	50				50	-	100
4999~5998	44	25		30		-	100
3999~4998	59	4		12	15	9	100
2999~3998	53	12	2	31		2	100
1999~2998	2	12	22	46	-	17	100
1001~1998	17	15	30	38	-	-	100
<=1000	4	75	21	-	-	-	100

（幣別：人民幣）

圖表 5-7：價位區段品牌佔比

其次，我先自選兩個變數作為品牌定位圖的兩軸。把品牌來源國（外資與陸企）與價格（高與低）分別設為 X 與 Y 軸，於是得出下頁圖表 5-8，以此作為空氣清淨機的品牌定位圖，而且同時包括不同價位段的市場占有率：

價格	亞都	飛利浦	松下	夏普	布魯雅爾	大金
>= 6999				0.1	99.7	0.2
5999~6998		50			50	
4999~5998		44	25	30	15	
3999~4998		59	4	12		9
2999~3998	2	53	12	31		2
1999~2998	22	2	12	46		17
1001~1998	30	17	15	38		
<=1000	21	4	75			

陸企 ———————————————————————— 外資

（幣別：人民幣）

圖表 5-8： 空氣清淨機品牌定位圖（京東評價數作基準）

參考圖表 5-8，可得出大陸空氣清淨機市場各品牌的一些概況：

■ 整體價位段，飛利浦分布最均勻，涵蓋每個價位段；其次是松下、夏普。

■ 以價格做分水嶺，布魯雅爾（Blueair）佔據市場最高端的地位。

■ 松下以外商品牌之姿，卻在人民幣 1,000 元以下的價位段占有顯著市場地位（75%），可猜測其策略重點是要以外商形象席捲低價位（<1,000）市場。

■ 亞都所處的地位，價位在人民幣 2,998 元以下；也就是說亞都不打算推出 3,000 元以上產品跟外商競爭；

把圖表 5-5 的資料再以價位段的評價數由高到低往下排列後，可發現更多訊息，請見下圖（圖表 5-9）：

■ 單一價位段市場，1,000 人民幣以下的評價數最高；（這就是松下的策略企圖）

■ 1,999 ～ 4,998 人民幣這三個價位段其評價數幾無軒輊，而這三個價位段之總和占總市場 57.1%，暫時把這價位段稱為中價位（2,000 ～ 5,000 人民幣，比較好記）

■ 人民幣 1,001 ～ 1,998 價位段也有 11.6% 的市場量

價位	飛利浦	松下	亞都	夏普	布魯雅爾	大金	總計	%
<=1000	1,140	23,112	6,549	-	-	-	30,801	28.0%
1999~2998	489	2,614	4,735	9,786	-	3,709	21,333	19.4%
3999~4998	12,311	856	-	2,576	3,122	1,934	20,799	18.9%
2999~3998	10,914	2,507	317	6,470	-	382	20,590	18.7%
1001~1998	2,133	1,971	3,858	4,814	-	-	12,776	11.6%
>= 6999	-	-	-	2	1,986	3	1,991	1.8%
5999~6998	553	-	-	-	547	-	1,100	1.0%
4999~5998	202	115	-	138	-	-	455	0.4%
小計	27,742	31,175	15,459	23,786	5,655	6,028	109,845	100.0%

（幣別：人民幣）

圖表 5-9：京東空氣清淨機品牌評價數以價位佔比分析

由於布魯雅爾佔據最高端市場，但這部分的市場份額很小，因此後續的分析就把布魯雅爾排除，只探討飛利浦、松下、夏普、大金跟亞都這五大市場主力品牌。

03 亞都如何毅然而起？

對亞都能在眾多外資品牌中佔有一席之地實在深感好奇。我從定位分析的角度先試試看能否找出端倪。

 空氣清淨機品牌定位分析

我對鎖定目標的這五大廠牌一個個看其在京東的頁面說明，並找出他們所訴求的重點來「推導」出各自的定位陳述。搜尋結果整理在圖表5-10：

1 目標人群對象（TA）

這五大品牌所針對的目標對象基本都是家庭用戶。雖然飛利浦與松下在頁面有出現嬰幼兒畫面，但並不是主打。也就是說，這五大廠牌並沒就人群作市場區隔。（或許他們認為還不到這個階段。）

品牌 訴求點	飛利浦	松下	夏普	大金	亞都
目標人群 TA	小家庭； 有兒童呵護圖 （沒主打）	家庭	家庭	家庭	家庭
主要利益點 POD	除煙除塵 殺菌 除甲醛	淨化環境， 除塵防霾， 去甲醛	空間淨化	流光能（等離子放電技術）	分解甲醛
主訴求 Slogan	持久保護 長久健康	淨享 8 小時 以外的清新	淨離子群 帶來淨心之美	重現舒淨空間	裝修必備、 裝修衛士
功能特色	保護嬰幼兒的呼吸系統	除煙除塵， 殺菌 有效去除 PM2.5	讓您家 遠離室內外 各種污染	十年無需再買濾網	裝修污染 空氣污染 過敏原 油煙、二手菸 等有害氣體
支持點	專業過濾系統 智慧感應器 高速強風	nanoe 奈米水離子 技術 有效除臭	淨離子群 空間淨化技術	流光能 褶皺過濾網	國家專利 解決裝修污染 獨有鉑金甲醛 模塊
去 PM2.5 %	99	99	99	99	沒強調數字
去甲醛能力 %	96~99	94.7	98	NA	主打
除抗菌力 %	99.99	99.99	99	NA	√

圖表 5-10：傳統空氣清淨機品牌定位分析

② 主利益點

飛利浦、松下與夏普基本上要灌輸給消費者的是：他們是全能的，能把最主要的三大空氣污染源，PM2.5（霧霾）、甲醛與病菌，給清除乾淨。從他們所提供的檢測數據來看，也幾乎都到了完美境界：去除率高達 99%。

大金則主攻 PM2.5；亞都則主打甲醛。

③ 支持理由

這五大廠家各自有其支持點（如圖表 5-10 所列）來證明其利益與功能特點都各有獨創性。

④ 定位陳述（主 Slogan）

從大家的主要廣告語（slogan）來看，這四家外商幾乎都是以家庭整體的清新空氣作訴求，也符合其目標人群。唯獨亞都以「裝修衛士」做鮮明的定位焦點，因為亞都主攻甲醛問題。

✓ 亞都崛起設想

亞都成立至今已有一段很長歷史（26 年），而亞都能在空氣清淨機市場取得第三的地位，相信跟其主訴求點密不可分，那就是：「去甲醛」。

霧霾（PM2.5）是近兩年才引起消費者的恐慌與危害。那句玩笑話：終於有一件公平的事了，我們跟領導們都呼吸同樣的（髒）空氣。（其

實這已經不是玩笑話了。）但在亞都崛起的年代，確實有一件事還是挺不公平的，那就是房屋裝修廠商的濫用甲醛給消費者帶來危害。

　　大陸購屋的需求是近十年來非常大的市場，而買房就要裝修也是大陸消費者的普遍需求，只是精裝或簡裝之分。購屋又會引發新家具的添置，因此不論是房屋裝潢所做的油漆工程，或是鋪設地板、訂製衣櫥、買木質沙發桌椅床等，都有機會使用到甲醛。使用過多對人體的危害是會致命的。北京多年前就有一消費者控告施工裝修廠商濫用甲醛以致房子根本無法住人的案例。判決下來，裝修廠商敗訴，必須賠償消費者實質損失與精神醫療補償，這也是大陸首例對裝修業者的不當使用甲醛做出判例。

　　筆者無法對多年前的市場情況做市場回訪動作，在這僅能做出假設：亞都是首打「去甲醛」訴求的空氣清淨機廠家，而當時外資企業不是還沒大舉進入空氣清淨機市場就是沒主打甲醛議題。若當時外企也做同樣訴求，鹿死誰手尚未可知。按此假設，那當年亞都的 SWOT 分析一定如下頁圖表 5-11 所描繪的：

亞都 / 其他空氣清淨機	優 勢 Strength	劣 勢 Weakness	機 會 Opportunity	威 脅 Threat
威 脅 Threat	去甲醛 有專利證明			
機 會 Opportunity		本身是國內品牌		
劣 勢 Weakness			市場甲醛問題嚴重	
優 勢 Strength				外商做同樣訴求

圖表 5-11：亞都早期之 JC SWOT

　　邏輯推演會是：亞都有專利，證明其有能力去除空氣中的甲醛，而這點剛好迎合那個年代市場新屋林立、新裝修的需求蓬勃，但卻帶來不肖廠商濫用甲醛的問題，這就給了亞都發揮其優勢的機會（不論是主動或被動）。演變下來，亞都的去甲醛能力也確實得到市場肯定，他們那句「裝修衛士」就成為亞都的代名詞。

04 亞都如何面對環境中的新污染？

 霧霾與 PM2.5 的議題

時移境轉，大陸有最新的汙染源，且跟裝不裝修房子是沒太大關係的：霧霾。

依網路資料，大陸國家氣候中心氣候系統監測室高級工程師孫冷指出（註 1）：

霧是指大氣中因懸浮的水汽凝結、能見度低於 1 公里時的天氣現象；而灰霾的形成主要是空氣中懸浮的大量微粒和氣象條件共同作用的結果……成因之一就是空氣中懸浮顆粒物的增加。隨著城市人口的增加和工業發展、機動車輛猛增，污染物排放和懸浮物大量增加，直接導致了能見度降低。實際上，家庭裝修中也會產生粉塵「霧霾」，室內粉塵彌漫，不僅有害於工人與用戶健康，增添清潔負擔，粉塵嚴重時，還會給裝修工程帶來諸多隱患……

那什麼又是 PM2.5 ？ 就是指大氣中直徑小於等於 2.5 微米（μm）的懸浮顆粒物，也可稱為可入肺顆粒物。它非常的細小，不易被阻擋，因此容易被人體吸入，並引發哮喘、支氣管炎等方面的疾病。

原本大陸華東地區空氣品質還不至於太惡劣，但這一兩年進入 11

月後，大片霧霾遮蔽長江三角一帶，使得杭州、上海、南京等大城市也變成空污的受災區。我 2013 年在杭州就親蒙其害！當時電視還報導空氣清淨機市場熱銷，這就是本章開頭說空氣清淨機有市場、有需求，因為霧霾一來，烏雲遮天，咳嗽現象明顯出現在許多人身上。PM2.5 又如此微細，如要讓自己跟家人安心，買台空氣清淨機倒是可行的選擇。這也是為什麼五大廠商，包括亞都，也都對這提出對策（可參考圖表5-10）。

✔ 消費者的考量

前文說到，空氣清淨機目前還處於市場剛進入期，一般消費者對此產品也沒有使用經驗。這是其一。

其二就是品牌考量。空氣清淨機跟其他家電產品，如空調與電暖器，有一項很大的使用差別，就是消費者感受不到空氣清淨機的效果。像是如果打開空調或電暖器，沒幾分鐘室內就可感受到變冷或變熱。但開啟空氣清淨機，除了廠商在機器上會用一些亮燈來顯示空氣髒污的程度外（這也是廠商說的！），消費者根本無從判斷機器是否有實際效果。所以消費者如真要選購一台「可以信賴」的空氣清淨機，「品牌」因素很自然地成為首選要件，畢竟要把空氣給弄乾淨是需要技術的，但消費者又不懂，即使去零售現場體驗也感受不到，唯一的方法就是相信「月亮是外國的圓」而去選擇外國品牌了。且外國品牌多，不論高中低檔，都有外商品牌可選。試想，不在乎錢的消費者購買新科技產品的選擇標準幾乎就是「越貴越好」。所得有限的消費者只能買便宜的呢？也有外

資品牌可選。那消費者是選國產品還是進口品呢？這就是松下的聰明之
處。

 ## 亞都的企圖可否實現？

既然消費者是新進入者，對以往的空氣清淨機品牌沒品牌概念，所
以優先選擇的就是國外品牌。

現在空氣污染最大的「時尚」話題是霧霾，所以消費者在選購時就
會先參考哪家牌子的功能是針對霧霾，也就是最能排除 PM2.5。

考量這兩點，國外品牌起碼佔據兩項基本優勢：基因血統（品牌來
源）與技術背景實力（對大陸消費者來說，科技產品在市場初期都被認
為起碼國外廠商技術會比國內廠商好吧！）。

亞都也一定看到相同情勢，所以亞都也開始強調對 PM2.5 的解決
能力。但亞都的困難會是：

- 同時強調能解決兩大問題，甲醛與 PM2.5，消費者相信否？畢竟
  亞都只以去甲醛取得總市場約 10.6% 的佔有率，對 PM2.5 的解
  決能力亞都也是新手，其品牌基礎還是有限。

- 當前消費者最大的困擾是 PM2.5！那消費者是選擇解決一項問題
  的專家呢？還是相信能同時解決兩三個問題的「全能」業者呢？

- 即便消費者想要一次解決多個問題，那誰更值得信賴？進口貨還
  是國產品？

分析下來，亞都目前的處境也同樣可用 SWOT 一眼看出，請參見
圖表 5-12。

 其他空 氣清淨機 亞都	優 勢 Strength	劣 勢 Weakness	機 會 Opportunity	威 脅 Threat
威 脅 Threat	品牌基礎有限			
機 會 Opportunity		本身是國內品牌		
劣 勢 Weakness			低價位市場	
優 勢 Strength				外商以霧霾訴求

圖表 5-12：亞都目前之 JC SWOT

筆者並不看好亞都。

✓ 亞都可有選擇方案？

亞都面對這局勢，可有適合對策讓亞都選擇？再試著分析看看。

❶ 專注除甲醛訴求

亞都其實在去除甲醛這部分已經取得成績了，「裝修衛士」這四個

字也是很棒的定位。中國那麼大，未來蓋新房子還會少嗎？要裝修房子的消費者會變少？櫥櫃家具等的需求會停滯？不會的。但我最有自信的是：不肖廠商業者是不會就此消失的！所以甲醛的問題一定持續存在。守住這區隔訴求不是壞事啊！

❷ 往多訴求方向：既去甲醛，又排除 PM2.5，還能去除病菌與過敏原

上文提過，如要這麼大包大攬的話，消費者會更相信外資品牌的。

❸ 發展另一品牌主打 PM2.5

亞都如果野心大，去除 PM2.5 的能力也真的夠水準，而亞都既想保住「裝修衛士」的定位又想進軍 PM2.5 市場，那應發展新品牌策略，用雙品牌各自專攻一個訴求來做好嗎？

不建議這麼做。雖然一般家電產品比較適合走「家族品牌」策略，但這不是否定這方向的最大理由。還是回到 SWOT 來看。即便有新品牌，新品牌自認唯一的優勢是「去除 PM2.5」的能力，請問這新品牌（出自亞都）想取代誰？想訂什麼價位？讀者請再回頭把圖表 5-8 重看仔細，只要定價在人民幣 1,000 以上，消費者可以選擇飛利浦、松下跟夏普，那消費者何必冒採用新品牌的風險呢？那定 1,000 以下呢？以目前市場情況來說只有松下是對手，亞都的新品牌勢必要對價錢敏感者做出夠達到「性價比」的訴求方有機會取代松下。

分析下來，似乎維持原策略「專攻甲醛」最妥，讓亞都就是去除甲醛空氣清淨機的代名詞！

亞都如何面對智能時代？

上述邏輯先不說亞都接不接受，但起碼有兩家廠商已經叫板了，他們是海爾與 TCL，但他們用的策略是現今大陸家電業最火的話題：「智慧家電」（中國內地稱智能家電）。

✔ 大陸家電業的共同驚恐症

自 2014 年上海家電博覽會後，「智慧家電」成為這段期間家電業的共同恐慌，因為唯恐落在人後；也成為「土豪金」症候群的另一案例：家家都要做智慧家電，尤其在空氣清淨機領域。

不只是家電業，APP 軟體業者也在旁推波助瀾，如「墨迹天氣」。墨迹天氣原先只是提供大陸各地的實時空氣資訊，也有空氣品質的數據，但墨迹也推出一個檢測空氣品質的產品叫「空氣果」，讓消費者可隨時檢測周遭環境的空氣品質，如 PM2.5。

❶ 海爾與 TCL 進場

最先把空氣清淨機冠上「智慧」功能並推向市場上的就是海爾與 TCL ＋ 360 的合作產品。海爾還同時推出類似空氣果的檢測小品「空

氣盒子」讓你檢測環境。這兩家廠商基本上就是把「物聯網」從觀念落實到產品上，讓廣大的手機用戶能以 WIFI ＋ APP 的形式來操作家中的空氣清淨機。主要的利益自然是可以遠程操控，以便回家之前就先把家中空氣給「清洗乾淨」。而實時監測則可隨時看到家中的空氣品質而做回應。這就是目前智能空氣清淨機最普遍的想法。只不過——

- 仔細看每家出的空氣清淨機（不論有無智能），都強調省電，且是超省電。銷售人員還告訴你可以一直開著把家中空氣清洗的乾乾淨淨，那麼需要遠程與實時的功用就不大了。

- 如果是單身，那智能監測與操作還有道理。但如果家中有人在家呢？一直開著不就好了，不就能永保空氣清新。

上述這些都可給打算開發智能空氣清淨機的業者多些思考：消費者要智能的真正用途到底是什麼？

不過撇除這些思考因素，智慧型功能有另一個好處：炒作媒體新聞。君不見這陣子智能發燒，墨迹出了物聯網的空氣果、方太想出智慧廚電、美的當然不必說，連小米都有智慧家居方案。只要有智能話題，媒體、微信就有東西可轉。沒參加的，那根本就沒有你家新聞。所以這麼看起來，智慧產品能賣多少先不管，但這媒體效應卻是免費廣告。

② 「滙清」蓄勢待發

在整理京東空氣清淨機廠家訊息的同時，發現另一家國產品牌「滙清」也即將加入戰局。滙清最大的特點是與京東合作，京東提供雲平台，滙清則以 WIFI 連到雲平台上讓用戶以 APP 來做遠程操控與監測。

定位比較

我把智能訴求的這三款（連同滙清在內）與原先對五大品牌做的定位合併比較，看有無更具啟發性的資訊出現，整理資料如圖表 5-13：

品牌 訴求點	傳統空氣清淨機					智能空氣清淨機		
	飛利浦	松下	夏普	大金	亞都	海爾	TCL+360	滙清
目標人群 TA	小家庭； 有兒童呵護圖 （沒主打）	家庭	家庭	家庭	家庭	家庭	上市：年輕人 9月：家庭	家庭
互聯網／APP	N	N	N	N	N	WIFI+APP	WIFI+APP	WIFI+APP
智能訴求	N	N	N	N	N	即時人機 交互（可控制 其他空調）	插電即自動聯 網； 雲平台	京東雲平台 遠程操控、 實時監測
主要利益點 POD	除煙除塵 殺菌 除甲醛	淨化環境， 除塵防靄， 去甲醛	空間淨化	流光能（等離 子放電技術）	分解甲醛	除甲醛 PM2.5	PM2.5、除甲 醛二手煙	會消毒的 淨化器
主訴求 Slogan	持久保護 長久健康	淨享 8 小時 以外的清新	淨離子群 帶來清心之美	重現舒淨空間	裝修必備、 裝修衛士	輕鬆解決家居 空氣問題	空氣衛士	十重淨化消毒 支持國貨
功能特色	保護嬰幼兒的 呼吸系統	除煙除塵， 殺菌 有效去除 PM2.5	讓您家 遠離室內外 各種污染	十年無需 再買濾網	裝修污染 空氣污染 過敏原 油煙、二手菸	五重過濾 高效淨化 釋放負離子	回家之前 就淨化完畢： 隔離淨化	更全效 更智能 更潔淨
支持點	專業過濾系統 智慧感應器 高速強風	nanoe 奈米水離子 技術 有效除臭	淨離子群 空間淨化技術	流光能 褶皺過濾網	國家專利 解決裝修污染 獨有鉑金甲醛 模塊	奈米光觸媒 技術殺菌	六重淨化系統	專利消毒技術
去 PM2.5 %	99	99	99	99	沒強調數字	NA	99.98	99
去甲醛能力 %	96~99	94.7	98		主打	NA	97.3	99
除抗菌力 %	99.99	99.99	99		√	NA	NA	99
主價格帶	3~5,000	<=1,000	2~4,000	2~3,000、 4~5,000	<3,000	上市期：2,699 9 月份：1,999	上市期：2,880 9 月份：1,980	2,999~5,999

（幣別：人民幣）

圖表 5-13：傳統與智能空氣清淨機品牌定位分析

其中確實有一些有趣的事發生，讓我幫讀者解讀一下：

❶ 海爾、TCL 降價神速

海爾跟 TCL 大約是在 2014 年 6、7 月間上市，海爾上市的售價（在

此都以京東為例）定在人民幣 2,699 元，但目前一看（2014/09/24）已降為 1,999/ 台。TCL 也不惶多讓，從 2,880 元降為 1,980 元。降價如此之快的背後，有沒有可能正是如同先前討論亞都時以及對智能的質疑所得出的結論：中高價位（人民幣 2,000 以上）幾乎早被外商跟亞都佔滿，而智慧家電訴求如果僅是遠程監控、監測的話，那對消費者的意義看來，還不到徹底顛覆的程度。（後續倒是可以觀察滙清的價格走勢）

❷ TCL ＋ 360 改變目標市場的選擇

第二個改變是 TCL 的定位對象。現在看其資訊基本上跟大家是一樣的，以家庭為主。但讀者不知道的是，TCL 剛推出來時的對象可是：「專屬年輕人的空氣清淨機」（剛上市的全文是：T3 空氣衛士玩跨界，專屬年輕人的空氣清淨機）。為何才兩三個月就更改目標市場呢？

我倒認為 TCL 原先的定位是有想法的，也不失為一個突破口，因為對「智能」的接受度照說是年輕族群容易接受，單看智慧型手機的使用行為就是一例；只不過這個附加功能配上 2,880 元的價位，要單身者買一台？他們大概自認身體好的很，可以抗拒甲醛跟 PM2.5 的。如果是已婚的小家庭，真要下手買一台給夫妻兩人或是小嬰兒一起用，何必多花錢，有那麼多 1,800 ～ 1,900 價位的國外品牌可以選，誰還要買TCL 呢？

✔ 亞都是否跟進？

首先，要看跟進之後能提供哪些智能利益點給消費者，其次才是跟進的成本與效益做比較。

❶ 可能利益點

參考空氣果的功用與海爾、TCL ＋ 360 跟滙清＋京東為例，亞都也勢必要找一家智能方案業者合作才能把整套方案給完整化。

其次，看目前這幾家的智能利益點，同樣以 SWOT 解釋，亞都還有哪些利益是獨特且對手目前沒有也很難模仿跟進的？如僅僅還是遠程、監測、手機 APP 這些，這不又是「土豪金」效應？亞都必須找出它的競爭武器。

萬一沒有獨家特點也僅僅是這些功能呢？那亞都必須把這些功能結合它一直以來自豪的「去甲醛」的智能應用好好重新定義，起碼在這方面亞都是有話語權的。

基本要做的是：定位陳述要想清楚。

❷ 成本面

成本面當然就是功能模組這些以及與合作的第三方協議問題。細節就留給亞都精算了。

❸ 效益面

實質的損益預估這裡就省略了。但進入智能領域倒有幾個潛在不好計算的效益面：

- 免費報導
- 整體形象提升
- 品牌加分

✔ 亞都智能空氣清淨機的 JC SWOT

如果亞都能做到上述跟國內這三家廠商相同水平的智慧型功能，那亞都的智能空氣清淨機的 JC SWOT 會是什麼情景呢？我試做了一個給讀者參考，如圖表 5-14：

亞都 ╲ 海爾、TCL、滙清	優 勢 Strength	劣 勢 Weakness	機 會 Opportunity	威 脅 Threat
威 脅 Threat	有品牌基礎			~~消費者對智能反應平平~~
機 會 Opportunity			~~喜嘗新的消費群~~	
劣 勢 Weakness		~~本身是國內品牌~~	以嬰幼兒作目標市場	
優 勢 Strength				

圖表 5-14：亞都智能空氣清淨機之 JC SWOT

- S：跟這三家國內品牌相比，亞都起碼在空氣清淨機領域還是有品牌基礎、品牌優勢的。
- W：至於大家都是國內品牌形象這點，如是劣勢，也是相同立足點，所以不必擔憂。

■ O：做智能本身就是假設要搶奪喜歡嚐新的科技產品消費族群，但因為都是剛起步，也不能說誰佔據多少機會，所以機會還是均等。但因為空氣清淨機現在的購買者大多都會是新消費群，而亞都又想加上 PM2.5 的去除功能，那麼，何不針對嬰幼兒需求來打動母親呢？

■ T：亞都的威脅應該就是市場還沒來得及理解空氣清淨機，推智慧型功能基本上又大同小異，只是搏得媒體報導，那最壞也只是大家一樣。

既然如此，做吧，亞都。

註

1. 百度搜尋：（http://zhidao.baidu.com/link？url=IopolL2JpUb0BpRu HxYQx1HI9yBU5SjoUZfxWC1LoIDkp-U5Zx_j6zQ3XEugZGF4vK_ duFTjXJKVaCFj7Zz__K）

Chapter **6**

NBA
就要這麼看

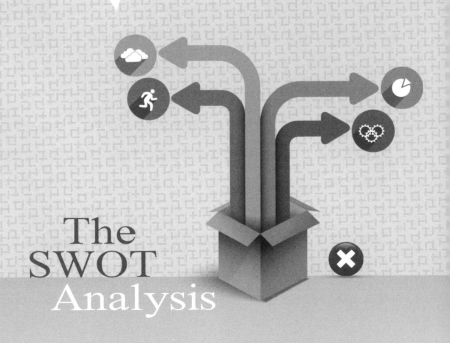

The
SWOT
Analysis

神奇的 Miller Time

 神奇逆轉的美樂時光

　　每次我在產品經理課程裡講到「定位」的內容時，都會舉美國的美樂啤酒（Miller Beer）為例來說明定位是可以大膽下手的。而我也一定會把 NBA 史上堪稱最經典的逆轉賽事拿來做補充，因為美樂啤酒那句經典廣告語「Miller Time」，不只讓啤酒公司突破困境找到出路，這兩個英文單字更是在 NBA 場上風靡十多年，大家只要看印地安那溜馬隊（Pacers）出賽（Reggie Miller 還沒退役時），都會期待有個「Miller Time」出現。日後不論是泡酒吧或是看 NBA 比賽，Miller Time 成了很多男性期待的「美樂時光」。

　　這場經典賽事發生在 1995 年的 5 月 7 日（註 1, 2：請看連結），地點在紐約尼克隊的主場麥迪遜花園廣場，客隊就是印地安那溜馬隊。整場比賽的過程大家都不在意了，因為大家只記得那最後的 18.7 秒鐘。當時溜馬隊落後尼克隊 6 分，並且比賽只剩下 18.7 秒，怎麼看都是溜馬隊輸定了。但 Reggie Miller 就是用行動告訴現場以及看轉播的球迷，比賽才剛開始呢！他先投中一個三分球，然後又在前場從尼克隊手中斷球，遠投再一個三分，此時溜馬隊驚奇地將比分追成 105 — 105 平手。

總共用了多少時間？5.5 秒。再來溜馬隊犯規，尼克隊員 John Starks 兩罰不中，然後 Miller 又搶到籃板球迫使尼克隊犯規造成罰球，Miller 兩罰命中，隨後尼克隊尤恩絕殺未成，溜馬隊就以 2 分險勝尼克，造就了 Miller Time 的神奇時刻。

Miller Time 從此成了溜馬隊出賽大家最期待的一刻。日後每逢溜馬出賽，現場觀眾、收看轉播的球迷還有轉播評論員，在比賽前三又 11/12 節（NBA 每場打四節，每節時間 12 分鐘）裡，你可以喝酒聊天、磕瓜籽、打電話，但最後一分鐘大家都醒了，因為球賽轉播員先發聲：等下會有 Miller Time 出現嗎？不論是英語、西班牙語，甚至台灣的轉播電視台球評大家眾口同聲的期盼喊出：Miller Time、Miller Time，這比賽才有看頭。還記得在 2002 年左右吧，我在北京給李寧公司營銷團隊上產品經理的課，那時剛好是 NBA 進入季後賽，我還特地提醒他們收看 NBA 轉播時，凡有溜馬隊出賽，一定要仔細聽球評播報（如有雙語電視更要轉過來），Miller Time 的呼聲肯定出現。

Reggie Miller 從沒拿過冠軍戒指，但是 Miller Time 卻成了 NBA 永難忘懷的時刻。

也順帶一提。那一場經典賽事當時的兩隊教練分別是尼克隊的 Pat Rily，溜馬隊是 Larry Brown。還記得在 Miller 生涯最後一場跟活塞比賽時，場面大勢已去，而這場比賽也是 Reggie Miller 的告別作。當溜馬教練在比賽結束前 2、30 秒換下他時，全場溜馬主場球迷都起立鼓掌。而當時活塞的教練正是 Miller 的老教頭 Larry Brown，他也喊個長暫停，只見他走到溜馬隊去也給 Miller 鼓掌跟擁抱，活塞球員自然起立跟進。Reggie Miller 眼中泛淚，左手摸著前胸右手舉高對球迷致意（我當場看

轉播時也起立為他鼓掌）。這時候誰還介意 Miller 的 NBA 生涯沒拿過一次冠軍呢？Miller Time 已經成了經典傳奇，Miller 對 NBA 甚至整個籃球殿堂的貢獻遠遠超過許多雖有冠軍戒指但只不過是濫竽充數的球員。

是誰成就了米勒？

我也在想，即使這場比賽溜馬隊沒贏，也絲毫不會對 Reggie Miller 的英名有絲毫減損。但重看這關鍵時刻的比賽畫面，也讓我從另一個角度來看 NBA：如果那天比賽的最後 10 秒鐘，尼克隊的 Starks 兩罰都進呢？比賽應該進入延長賽。再打 5 分鐘的結果誰輸誰贏還很難預料呢！因此，說 Reggie Miller 有本事自然是公認的，但成就 Miller 傳奇的可能有另個因素，那就是 Starks。如果 Starks 沒失常，或是說有水準以上表現兩罰都進？

不知大家對 John Starks 是否還有印象？個頭不高，但刁鑽，得分也還不錯。我找出他在那一年及前後年的幾個數據來看看（圖表 6-1）：

賽季	每場均分	每場罰球命中率	每場罰球得分
1993～94	19.0	0.754	3.2
1994～95	15.3	0.737	2.1
1995～96	12.6	0.753	1.6

圖表 6-1：John Starks NBA 數據

　　以得分來看，93 — 94 之後雖然開始下降，但也不低於 13 分。看罰球率，也都有七成以上水準，但那場比賽他的最後兩罰就是沒進。

　　那兩罰沒進對 Starks 的整體數據表現其實沒多大影響，因為每個球員平均發揮水準總有個平均值，只是偶有起伏。不幸的是，那兩球剛好他沒罰進。是整體表現不夠水準？還是手氣就是不好？亦或是那場比賽到了最後關頭心理壓力大以致受到影響？不論什麼原因，沒進就是沒進。

　　但 Starks 畢竟不是一線球星，薪資也不是天價，拿他跟 Miller 相比當然有點欺負人，因為各自的實力擺在那裡，也不能把勝敗因素都歸到他身上。在其他的 47 分鐘又 41.3 秒裡，怎麼尼克隊的其他球員不多得三分或是少讓溜馬得三分呢？

　　類似的場景畫面與人物角色在我觀賞 NBA 這麼多年下來總是縈繞我心。因為球賽也看了不少，多年累積下來總覺得球評的評論實在太主觀、太有偏好，而忘了球評的基本工作：就是播報球賽與做出客觀的評論！雖然人不可能 100% 客觀，但要讓球迷覺得你還算是可以的球評，起碼要對籃球規則、籃球攻守戰略與球員身手技術有所了解。如要做出更具水準的解說與評論，何不來試試用我的「JC SWOT」來解讀籃球勝敗背後的關鍵因素。

02 籃球運動的本質 就是 JC SWOT

寫本書時，時時刻刻不忘提醒自己那句俗話：「如果手裡只有榔頭（這工具），那不論看到什麼都會想敲下去。」

✓ 籃球既是團隊也是個人表現的運動

運動賽事有團體、有個人項目，有雙打（網球、羽毛球）有群架（美式足球），其中籃球運動既是看團隊表現也看重個人資質，甚至教練團都是重要的勝負因素（總教練、助理教練、進攻教練、防守教練、罰球教練），只可惜我們看不到。

上場比賽的球員兩隊各派出 5 位，但每場比賽出場的可以有 12 位，也就是說人手不能算少。但連 NBA 這樣的賽事，一整個正規球季 82 場中（還沒算季後賽爭冠軍的一系列淘汰賽呢），球員上場次數少於一半的比比皆是（有些可能是由於受傷原因），也就是說，在許多總教練的眼裡，即使你是 NBA 登記、入選的正式球員，照說球技肯定很不錯吧，但你還是沒上場機會。我想理由很簡單：你就是還不到那個水準（但這個水準在一般的國家隊裡可都是主將的地位）。

開賽有 5 人上場，但教練可隨時換人輪轉。換人的原因太多了，但

教練總是有幾位固定班底在用而極少看見 12 位球員輪番上陣。（若有這情況發生，多是球賽早早勝負已定，教練只是讓其他球員去替換主力渡過垃圾時間不要讓他們過於勞累甚至在不該受傷的時候受傷，那就損失大了。）

因此，籃球表面上是 5（人）對 5（人）的比賽，但實際上可能是 7 對 8 甚至對 10。不論哪種局面，也不論讀者本身打不打籃球，應該都可以理解兩件事：

- 自己隊員轉換之間的化學反應（默契）。
- 與對手對抗之中，因為「人」的因素發生變化（兩方都換人），所以球賽的本身也就相應地發生變化。

就把它想成是數學的排列組合吧。想想看，光每場比賽因為某位球員的上場或下場就有多少可能的排列組合會出現，而結果一定有所不同，尤其兩隊實力很接近的時候。所以，籃球勝負是看團隊表現，而團隊表現又是由每個上場球員的組合發生變化再跟對手比較後又發生變化的結果。所以籃球既是團體戰也是個人戰。

這還只是一場比賽。想想看每年賽季的正規賽要打 82 場，跟某些對手會打 4 場（同在東區或西區），某些則打兩場（東西區互相跨區遠征），再加上季後賽的場次還沒算，也就是說，即使是跟同一支隊伍接觸過幾次，但教練的安排極可能有了轉變（前場對抗經驗或是某人受傷甚至有人被交易出去而加了跟減了某位球員），所以每場賽事的互動情況是很難預料的。

正因為有這些互動發生，才增加了變數讓球賽結果難以預料。說到這裡，就不得不提兩件跟「專業度」有關的事。

球賽勝負事先已定？

先說球探、球隊經理的專業。像 NBA 以及大聯盟、美式足球這種極商業化的運動產業，如同「征服情海」、「魔球 Money Ball」這些電影所描繪的，每個隊伍都有許多專人球探去發掘好手，找出值得網羅的新秀。美國各大學又有那麼多在校運動員可以挑選（如 NCAA），於是每年的賽季結束隨即登場的就是選秀會。還有，球季的比賽期間所看到的球員被交易換隊。以 NBA 為例，應該是明星賽後沒幾週就不准球員再交易，但這之前的球員交易轉隊卻是家常便飯，上週看某位球員在這隊，一轉眼下週他就到對手隊了。然後你就看到他一上場可能是噓聲震天，也可能是滿場歡呼（看看 LaBron James 回到騎士隊的場景再對照 Kevin Garnett 回到灰狼隊主場的感人畫面。）而他自己打起來有可能是心虛或是一臉前來報仇的模樣，所以 NBA 才有趣好看嗎。這些情節的背後不都是一群專業人士搞出來的？

再看球員本身。每位球員也正因為他的「實力」，包含打球技術、年齡、經驗、過往紀錄等而有各自的行情，這些資料通通有專業團隊在蒐集分析，所以才有幾年合約多少薪資的事出現。如果大家真的那麼專業（因為職業運動在美國的發展夠久也夠龐大了，照說每位球員的合約薪資正該反映出他的實力），同理可證，教練的薪資也是這些專業經驗決定的，那球員加教練的總薪資不就是產業公認的**總專業經驗累積**的結果嗎？那還比什麼！只要看哪隊的總薪資最高，冠軍杯就送到他們辦公室不就結了！但事實呢？絕非如此。看看這幾年紐約的兩支職業隊，NBA 的尼克與大聯盟的洋基就好了。

所以，比賽勝負的最後關鍵還是回到球員身上。

第二件我覺得很無聊的分析就是每到季後賽開打，球評跟媒體就開始分析哪個隊今年最有冠軍像，因為去年如何、過往紀錄如何等等。這種分析最不靠譜。

對，湖人跟塞爾提克隊冠軍紀錄最多，所以最有機會打入季後賽甚至冠軍賽？胡扯。如果這麼說：「去年某隊拿到冠軍，那今年進入季後賽的機會應該頗高；打入總決賽的機率也不低於其他隊。」這話或許還可聽聽。但把時間拉長，說從某年某年起算，某隊已有多少進入季後賽的紀錄云云，那就不必了。上文就解釋過，NBA 球員換隊頻率之高真是出乎球迷預料，再加上球員會老啊，有新秀出頭啊，就以這幾年冠軍杯花落誰家來說，塞爾提克隊把 Kevin Garnett、Paul Pierce 跟 Ray Allen 弄到一起搞了個 GAP，還真的第一年拿到總冠軍。但第二年呢？就差那麼一點連莊！第三年呢？直線下滑。再來看這三年熱火隊的賽績。熱火看到 GAP 的神力，也組成 LaBron James、Dwyane Wade 跟 Chris Bosh 連線，也連拿兩個冠軍，只不過第二年如果不是 Ray Allen 加入，在關鍵時刻來個三分球救了熱火隊，熱火第二年就不會連莊了。看看 2013 ～ 14 年吧，跟馬刺對決的結果不是敗給馬刺？所以若是要拿 NBA 過往紀錄做為比賽分析還真是謹慎為好。

✔ 100% 的競爭者分析

這些因素通通放到一起來看，就最符合做「競爭者分析」，因為年年不同，場場不同，教練跟球員一定要每場比賽事先做足功課再推出這

場的先發與替補陣容，然後還要隨時應變，隨著比賽的進行，看看發生哪些變化再做出調整。試問，在商業環境裡，哪個產業、哪些品牌會需要這麼靈活地把對手每秒鐘的表現立刻做出回應？沒有！互聯網產業？沒有！電商網購？對不起，還要看評價、看銷量，然後開會討論、再來更改頁面，等過了一夜吧（也是最快了）再來看消費者反應。若真要比反應速度，惟獨台灣的夜市流動攤販差可比擬。

　　細看凡是重要比賽，只要對手進一個不該進的球、我方犯了一個沒道理的規、或是一個失誤發生、一個球員上場，就看到教練馬上喊暫停，20 秒後做出回應。若還是不行，再來暫停，再出招。這是不是**必須充分發揮我方優勢再避開劣勢**？是不是要立刻找到機會同時要避開威脅？這就是標準的 **SWOT** 應用之處。

03 用 JC SWOT 來解讀 NBA

　　看以往媒體對某位球員的評論總覺得什麼地方有漏洞。等到多看幾場這位球員的場上表現，尤其打到季後賽跟冠軍賽時，才恍然大悟評論員的失策之處。

 禍福相倚：球員是球隊優勢但有時也是劣勢

　　筆者就先舉拿過好幾枚冠軍戒指的俠客歐尼爾（Shaquille Rashaun O'Neal）來解釋。

　　歐尼爾魁武的身材在籃下真是威風八面無人能敵，球到他手裡，他往籃下一站，根本不必跳高，就能把球放進籃框，輕鬆 2 分入帳。所以他一出現在場上，中鋒位置一站好，籃下就是他的天下了。這就是歐尼爾以及他所屬球隊的優勢，當然也是每個對陣球隊的威脅不是嗎？請看圖表 6-2 歐尼爾的「優勢－威脅」方格。

　　但被欺負多了，經驗累積了，教練變聰明了，也找到歐尼爾的阿基里斯腱——**歐尼爾罰球不準**！於是，到了兩隊實力相當且打入關鍵比賽時，我們就看到一個沒名氣但塊頭大的對手球員上場。教練只對他交付

一個任務：犯規！且要狠狠地推歐尼爾一把，讓他一定不能進球，賭他上罰球線。如此一來，歐尼爾的優勢便成了球隊的劣勢，因為他的罰球準頭不行，整個生涯罰球命中率是 0.527，好好的兩分一轉眼就只得一分甚至兩罰不中。這麼一來，對手不就是憑空多個機會——只要你進一球都沒關係，因為攻守轉換後我們還有得兩分甚至三分的機會。一來一往，還倒賺一分。要知道，季後賽跟冠軍賽的每場勝負差距也就一兩分而已，這時候歐尼爾的優勢還能維持全場？對手難道沒想到用這戰術來搶得機會？這就是 JC SWOT 的觀念發揮效果了：**優劣勢逆轉與機會的出現都是動態的**，因為競爭者不同以及競爭者的戰略不同、推出的球員不同，讓我方頓失優勢！如圖表 6-2 由優勢轉為劣勢的情況發生，就被對手找到機會了。

對手＼我隊	優勢 Strength	劣勢 Weakness	機會 Opportunity	威脅 Threat
威脅 Threat	魁武身材			
機會 Opportunity		罰球不行		
劣勢 Weakness				
優勢 Strength				

圖表 6-2：俠客歐尼爾對球隊的優劣勢貢獻轉換

　　讀者還有印象嗎？以往看到歐尼爾在勝負關鍵時被換下那一刻真是不解教練的調度。原因就是這麼簡單——　JC SWOT 告訴你答案。

✓ 聰明的球員都會幫自己製造多元的機會

　　看 NBA 賽事難免會有自己中意的球星，但整體來說觀賞比賽才是最大的樂趣，畢竟總有一隊會輸，要是看到喜愛的球員輸球總難掩失望之情。所以囉，樂趣之一從哪來呢？有些球迷可能會說球員打架很好看。Well，我也喜歡看。但還有一個我更愛看的那就是看「聰明」球員的表現。我定義一下我所謂的聰明球員會如何「製造」機會：

- 要願意傳球出去給隊友，不要硬打！
- 要會找對手犯規。
- 要會助攻。

　　能做到這些事，球隊的機會就會出現。所以我說，**看聰明的球員打球最能理解「機會」有很多是創造出來的**（這跟企業界說『看到』什麼機會就有很大不同吧！）。下頁圖表 6-3 就是此意。

我隊　對手	優勢 Strength	劣勢 Weakness	機會 Opportunity	威脅 Threat
威脅 Threat				
機會 Opportunity				
劣勢 Weakness			傳球出去 找對手犯規 助攻	
優勢 Strength				

圖表 6-3：聰明的球員都會幫自己及隊友創造機會

這些事做到了，既幫助自己也幫助隊友，球隊自然贏面大。反之，太「獨」的球員就算自己很會得分也無法幫助球隊，因為總出手次數他就佔了 1/3，要場場維持高命中率也總有個限度。況且一旦自己獨，球就分不出去，到頭來不是發生失誤（24 秒到）就是給隊友不好的機會，也是失誤！

找個對比吧。找兩位現役球員，年紀一樣，今年（2014）都是 29 歲，薪資都是高薪，得分也都厲害，但兩人的成就就是差很多：LaBron James 跟 Carmelo Anthony。比什麼呢？比他們的每場助攻次數。請看圖表 6-4：

年齡	L James	C Anthony
25	8.6	2.8
26	7.0	3.0
27	6.2	3.6
28	7.3	2.6
29	6.3	3.1

圖表 6-4：James vs. Anthony 每場助攻數比較

差距很明顯吧。當然，每位球員的專長都不同，硬拿「助攻數」來比也許失之偏頗。但看多了 Carmelo Anthony 以前在金塊隊、現在在尼克隊的表現就不禁替他的教練跟隊友感到難過。我想教練一定提醒過他不是非自己得分不可的，但他就是不願意分球！

NBA 球員的潛在威脅

能進 NBA 的球員當然都有過人的天賦或是後天培養出的能力。有些人的天賦是身高，當然，能打 NBA 的基本上都是長人，所以矮將要想出頭，唯有靠技術了，像以前的 AI（Allen Iverson） 或是現在勇士隊的 Stephen Curry。

也有些人的天賦是身體塊頭。在 NBA 比賽裡，長人給別人的威脅是他會得分、搶籃板；但塊頭大的球員給別人的威脅卻不僅是生理（身體對抗）也是心理的——怕被衝撞而受傷。雖然受傷的原因不一定全是對抗造成的，但每賽季打那麼多場比賽，體力的透支、旅途奔波再加上激烈的身體對抗等一起產生作用，往往使得一些好球員因為受傷而在他

的 NBA 生涯裡留下遺憾。個人感到最可惜的就是 Grand Hill 這位出了名的「籃球先生」。Hill 有準頭、會跑、能跳投、得分手段也多，但因為受傷的原因使得他整個生涯打打停停。他退役前在太陽隊的表現令人想起他年輕沒受傷時的出色球技，要是他沒受傷的話……

所以每個 NBA 球員都會有個潛在的威脅存在，就如圖表 6-5 所描繪的：衝撞對抗與疲勞過度。當自己老了、體力不如年輕球員了，還有就是自己受傷既不能再跟年輕人拚搶籃板也沒有當年的靈活與速度，所以，沒有絕對的好身體和保護自己的意識跟經驗，在 NBA 歷史上總有遺憾。

我隊 / 對手	優勢 Strength	劣勢 Weakness	機會 Opportunity	威脅 Threat
威脅 Threat				
機會 Opportunity				
劣勢 Weakness				
優勢 Strength				衝撞對抗 疲勞過度

圖表 6-5：NBA 球員面對的潛在威脅

也因為這個威脅會造成球員的心理壓力進而影響到發揮水準，於是一些球隊就去找能打身體對抗但球技並不怎樣的球員加入，因為這點可以創造出本隊的一些優勢。尤其打到季後賽，這樣的球員也確實拿出拚勁去卡位、去搶籃板，以及狠狠的犯規。為了冠軍戒指，這就是他們的工作，這也是他們的優勢所在。

罰球同時是 S、W、O、T

看 NBA，也對人生有某種啟發：關於「成就」這檔事，除了天賦之外也要靠苦練。

某些具有天賦的球員進了 NBA 之後就只知道在這唯一的天賦上發揮（如身高、塊頭、灌籃）而不去苦練其他的得分手段，尤其是罰球這個最好的得分方式。俠客歐尼爾如此、Dwight Howard 也一樣（生涯罰球率 0.574）。可也有球員知道，在 NBA 場上，罰球是最佳的得分機會，也是可以自己創造的機會，Reggie Miller 知道，Ray Allen 也知道（還有 Michael Jordan 跟 Kobe Bryant），所以他們兩位不只是三分球紀錄前後保持者，他們的罰球命中率跟拐誘對手犯規更是堪稱一絕，對手就是忍不住去犯上一規，因為怕他們投進三分球。但他們也不要忘了，Ray Allen 的罰球命中率高達 92%！一旦在他身上犯規，豈不是白白送分！

我在前面介紹 JC SWOT 時曾說過，分析品牌跟產品的 SWOT 時，某項因素不能同時出現在兩個（以上）的地方，這是有問題的。但在這裡，我要自打嘴巴，但我有我的理由，理由是：只因為這項因素變化太

動態，既是個人主客觀發生與掌控，也是對手主客觀發起，所以我要說，「罰球」這件事在 NBA 裡面，但只針對某些球隊跟球員，它是會同時出現在 S、W、O、T 裡面的，這是例外。請看圖表 6-6。

對手 ＼ 我隊	優勢 Strength	劣勢 Weakness	機會 Opportunity	威脅 Threat
威脅 Threat	罰球			
機會 Opportunity		罰球		
劣勢 Weakness			罰球	
優勢 Strength				罰球

圖表 6-6：罰球的掌握

只要罰球準，對手一犯規就等於送分，這就給對手製造多大的威脅。相反的，你罰球不準，我就故意犯規在你身上，反而我有反攻得分的機會。攻守兩方同時會發現，罰球這件事既是優劣勢的實力展現，也是機會與威脅的發生。

為什麼罰球在 NBA 如此重要？就請讀者回想一下小牛隊得冠軍

那年跟雷霆隊爭西區冠軍的那場關鍵賽，不論雷霆隊怎麼犯規在 Dirk Nowitzki 身上，這位德佬就是每球都進，還連進 32 球！記不記得雷霆隊的 Sefolosha 還去摸摸德佬的右手，百思不得其解怎麼不失手呢？就是一次都不失手！所以雷霆被淘汰。

看轉播時常聽到球評說出類似的話：「哎呀，這球要是能進就贏了！」「唉！怎麼守不住這最後兩秒鐘犯上這一規呢？」好像整場比賽就打那一球、就打那一分鐘似的！他們怎麼不想想，從比賽一開始就是關鍵時刻，要是以為才剛打就不專注、就防守鬆散、就隨便犯規，以為還有 30、20 分鐘，落後幾分沒關係。殊不知強強對戰，輸贏就在一兩分之間，沒有整場專注意識或是頭腦發熱亂打、亂犯規，球隊是一定跟冠軍無緣的。

04 吹捧過頭？確有實力？

　　既有上述分析做基礎，那我們可以來檢視一下最值得亞洲人驕傲（能進 NBA 殿堂）但也是被吹捧過頭的兩位球星，姚明與林書豪。

　　因為先天因素，亞洲人，中國人吧，在籃球運動上跟西方人比是吃虧的，最主要就是身材與體能。看看中國球員進入 NBA 的，姚明算是身高還可一比，但對照那些黑人球員，一看就知道吃虧在哪裡。所以姚明知道要提高命中率、要提高罰球率就是這道理。但有身高優勢、有準星，可為何提早從 NBA 退役？因為受傷。

　　林書豪呢？在尼克隊主將因傷缺賽時給了他揚名的機會，而林書豪也確實抓到這機會打了幾場漂亮的球（我常在想，如果他在對暴龍那場以 3 分球絕殺後就退役，或許給球迷留下的印象可能更深、更美呢）。但為什麼那年的季後賽他沒出賽？再看 2013 ～ 14 年，前半段倒也有水準發揮，但後半段又缺了他的身影。出了什麼事？答案也是一樣：受傷。

　　因為中國籃球員能進 NBA 真是太不容易了，而又能打出不錯的成績更是難上加難。這我們都知道，球迷只會給他們掌聲的。但兩岸的媒體就失態了。先看轉播場次。姚明還在打 NBA 時，中國大陸就轉播火箭隊的比賽。那如果火箭真的進入季後賽、接著進入分區冠軍賽又打進準決賽倒也罷了！然而不是！對球迷而言是要看精采球賽，唉，球迷也

要花時間看比賽的，老是看火箭隊比而其他隊看不到，這對球迷不公平吧！

　　台灣的轉播更離譜。看看 2012 ～ 2013 年還有 2013 ～ 14 年轉播多少場火箭隊的比賽就知道。為什麼都只看到火箭隊出賽？因為有林書豪。林書豪在火箭隊這兩年的表現也的確很棒，每場均分在 13.4 跟 12.5，兩分球命中率保持在 0.483 與 0.492。但這個數據也只是可以罷了，需要把他當一線球星來看待嗎？尤其一些台灣球迷把林書豪捧成那樣真是令人不知道要說什麼才好。好吧，就讓我來惹起眾怒，告訴大家這兩位的真正實力。

✓ 姚明的 SWOT

　　圖表 6-7 是我幫姚明做的 SWOT 分析。解釋一下：

❶ 姚明優勢所在

　　姚明身高超過兩米，在籃下只要把手伸高就能把球放進籃框。姚明的中距離也不錯，稍微跳一下就很難防守了。且他一跳投，因為身高的緣故防守球員就很容易犯規，這一犯就把姚明往罰球線上送。虧得姚明有苦練過，八年 NBA 生涯中他的罰球命中率平均是 0.833，兩分球是 0.525，有夠水準。所以身高跟命中率（含罰球）就是姚明的兩大優勢。

對手 ＼ 我隊	優 勢 Strength	劣 勢 Weakness	機 會 Opportunity	威 脅 Threat
威 脅 Threat	身高 命中率 （含罰球）			
機 會 Opportunity		跑動慢 身體單薄		
劣 勢 Weakness			製造犯規	
優 勢 Strength				比賽本身的 激烈度 對手衝撞

圖表 6-7：姚明的 SWOT

② 姚明的劣勢

因為姚明身高很高，所以這是搶籃板的不二人選，教練就把姚明放在中鋒的位置。那何謂中鋒？就是要在籃下搶籃板。可是 NBA 裡面，靠體格吃飯的不少，為了討生活只得拚命搶球，這個「搶」字，我們看電視轉播都覺得激烈，可想而知實際拚鬥的可怕，對身體單薄的球員，如姚明，可就是個苦差事，身體碰碰撞撞之下難免會有小痛，時間一久，就累積成傷，加上跳上跳下，對腳跟腿部的負擔壓力是非常巨大的。

姚明還有一個劣勢，就是跑動慢，看電視轉播很明顯就能看得出

來，尤其是在他 NBA 晚期，想必跟腳傷有關。這對他以及球隊都是不利因素。因為速度慢，回防時就給對方出現空隙，讓對手增加得分機會。

❸ 姚明可創造的機會

個人覺得姚明很了解自己的優劣勢，也就很聰明地幫自己創造得分機會，就是筆者一直強調的罰球。在姚明的 NBA 生涯，平均每場罰球可得 5.1 分，而他每場均分是 19 分，也就是罰球得分占他總得分的 27%。我沒去找或是一一計算其他球員的數字，但我有把握這個 27% 的數據絕對夠高了。

製造對手犯規絕對是姚明聰明之處也是他能把握的機會，別忘了，0.833 的命中率擺在那裡。

❹ 姚明最大的威脅

姚明最大的威脅自然是來自比賽中不斷的跑動與激烈的衝撞，畢竟對手為了求表現、求勝，是不會留情的。而這威脅也給姚明造成傷害，讓他的 NBA 生涯因此而中斷。

✔ 林書豪的 SWOT

再來看林書豪。林書豪出生於 1988 年，在 2010 年 10 月 29 日（時年 22 歲）進入 NBA，當時是進入金州勇士隊，但都沒什麼上場機會。在勇士隊時，總共打了 29 場（沒有一場是先發），平均得分 2.6 分。

第二年轉到紐約尼克隊，成績表現判若兩人。總上場次數是 35 場，卻有 25 場是先發（也因為那時主將都受傷才給了他人生的 15 分鐘）。

得分呢？從上一年的 2.6 分爆發到 14.6 分！林來瘋（Linsanity）就是這麼闖出名號的。

從此之後，台灣的媒體就開始造神！網路的無聊跟幼稚大家也十分清楚，於是就把林書豪看成是超級球星。他轉到火箭隊後還把他視為火箭隊的救星！ 2012 ～ 13 年他打足了正規賽 82 場，都是先發位置，平均每場得分 13.4，還是可以的，畢竟在尼克隊他只打了 35 場。我先前就提過，半年內打 82 場賽事對體力的消耗是很吃不消的。那一年季後賽火箭隊打了 4 場，他的均分多少呢？ 4 分。

等到 2013 ～ 14 年賽季，82 場正規賽裡缺陣 11 場，平均每場得分 12.5 分。在季後賽 6 場比賽中，林書豪退出先發位置，均分卻有 11.3 分。

以林書豪的身高跟體型能有這樣的成績已經是了不起了。不說別的，就憑他在麥迪遜花園球場把暴龍絕殺的那一球就夠他這輩子懷念了，也是多少亞洲球員（體型比他好太多了）一輩子夢寐以求都求不到的。就讓我們也來看看林書豪是靠哪些優劣勢闖出成績以及他後續該如何延續他的 Linsanity。圖表 6-8 是筆者幫林書豪做的 SWOT 分析。

我隊 對手	優 勢 Strength	劣 勢 Weakness	機 會 Opportunity	威 脅 Threat
威 脅 Threat	跑動上籃			
機 會 Opportunity		身高不高 身體單薄		
劣 勢 Weakness			外線得分 助攻	
優 勢 Strength				比賽本身的 激烈度 對手衝撞

圖表 6-8：林書豪的 SWOT

❶ 林書豪的優勢

個頭不高但靈活，年紀輕所以還有點體力，加上他願意跑，就有機會上籃。上籃確實有練過，加上對手看他貌不起眼，以為只是跑龍套的替補，就讓林書豪發揮優勢了，他的切入得分在 NBA 裡可是名列前矛。看林書豪能在長人陣中上籃得分確實是美技展現。

❷ 林書豪的劣勢

很明顯的，身高跟體型絕對是他的劣勢，當對手對他了解多了、知

道他得分手段之後，籃下的防守肯定加強。這時林書豪不能再硬要上籃，他必須找出第二甚至第三招來創造機會。以下就是他應該開發的第二專長。

③ 林書豪可創造的機會

林書豪也可以打得分後衛的位置，那他就有兩個任務必須做到：自己的外線要加強然後是給隊友製造機會（助攻）。林書豪的 3 分球命中率是 0.343，也不能說差，但 3 分球出手次數僅是 2.6 次，所以他還不是令對手懼怕的射手，他還是以上籃得分為主。他在火箭隊這兩年的助攻次數分別是 6.1 跟 4.1，應該是讓教練認可的。

林書豪未來在 NBA 的發展，要學兩位前輩，也就是既要學 Steve Nash 也要學 Ray Allen，這樣他在 NBA 的生涯才會持久。

④ 林書豪的威脅

林書豪面對的威脅跟姚明一樣。他一定不能頭腦發熱非打到籃下不可，這樣可是會給自己造成受傷的，也會影響到他未來 NBA 的生涯。

冠軍只在細微間

　　讓我們再回到一開始的 Miller Time 來看 JC SWOT 策略分析如何在教練跟球員間運作。

- 比賽剩下 18.7 秒，尼克隊罰球。罰進後，溜馬教練 Larry Brown 喊暫停，此時溜馬落後 6 分，他們該怎麼利用這剩下的 18.7 秒鐘發揮最大優勢來打平甚至取得領先機會呢？

- 溜馬隊選擇發中線球。球立刻發到 Reggie Miller 手上，Miller「輕鬆」拿到（可見尼克隊篤定以為贏定了才如此大意放過射手，這就是輕敵）後在三分線外跳投，球進，溜馬只落後 3 分。溜馬用了多少時間？ 0.9 秒。

- 然後尼克發底線球，球竟然失誤，Miller 拿到球，他該怎麼做？

- Miller 當時是在 2 分區，他不先搶 2 分（因為進了還是輸 1 分，且時間可能被尼克隊得分或是拖到終了。）他選擇往後跑到 3 分線外要搶 3 分，這樣才有先打平再做對策的局面。

　　讓我們先看看溜馬為何做這些策略安排。Larry Brown 在暫停時跟球員說了什麼？應該就是讓大家把球餵給 Reggie Miller。老教頭是憑哪些數據或信心來做這決定呢？讓我們找找那幾年 Miller 的表現數據吧。

　　圖表 6-9 是 Miller 在那段期間三年的表現數據。

賽季	每場均分	2分命中率	3分命中率	罰球率
1992-93	21.2	0.522	0.399	0.88
1993-94	19.9	0.535	0.421	0.908
1994-95	19.6	0.498	0.415	0.897

圖表 6-9：Reggie Miller 1992~95 3 年的數據

Larry Brown 是否看到 Miller 在那段期間每場應該會有近 20 分的表現，所以認為 Miller 還是可信賴的。再看 Miller 的 3 分命中率，過去兩年（1992 ～ 1994 都有四成，在那一年也是 0.415，所以，放手一搏吧 Miller，發揮你最大優勢，不然就算得兩分球隊還是輸球。

Miller 選擇投 3 分想必還有一個原因：他可能會想，尼克球員有沒有可能怕我投進而犯規呢？那我選 3 分投射會有 3 分甚至 4 分（因為對手犯規，球進但還可加罰一球）的機會，就可能扳平甚至反超 1 分呢！（看看 Miller 的罰球命中率）

這段分析用 JC SWOT 來看就一目了然，如圖表 6-10：

教練以及 Miller 本人都知道，這個時刻必須對自己（Miller）有信心，因為這是當前唯一的優勢了。而選擇投 3 分球，是想製造尼克隊犯規讓 Miller 有 3 ～ 4 分的機會，唯有如此，比賽才不會輸。

Miller 進了。之後就是尼克隊手腳慌亂，自己投不進後又給 Miller 罰球機會。Larry Brown 料中了。

對手＼我隊	優 勢 Strength	劣 勢 Weakness	機 會 Opportunity	威 脅 Threat
威 脅 Threat	射手（3分球）			
機 會 Opportunity				
劣 勢 Weakness			製造犯規	
優 勢 Strength				

圖表 6-10：溜馬隊以及 Reggie Miller 的 JC SWOT

　　寫到這，讀者就把它當作本球迷的個人看法吧，畢竟我也不是專攻 NBA 的專業人士。以後再看 NBA、再聽球評評論時，想想我說的 SWOT，不要一面倒地聽（他們講的），試著用自己的眼光來看球員的表現，來欣賞每一場球。

　　既說到球員的表現，不禁想起幾位以前的老球星，也對人生成敗有不一樣的體悟。

　　多少球員在 NBA 奮鬥十多年，就是為了拿到一枚冠軍戒指，只是天不從人願，當兩強相爭時，勝負關鍵是如此細微，明明到手的卻又失之交臂。只不過這一錯失，以後再也沒機會了。我想起了郵差馬龍與史

塔克頓（John Stockton）這兩位絕佳搭檔，想起了偉大中鋒尤恩（Patrick Ewing）；想到那位小個子 AI（Allen Iverson），當然還有 Miller Time 的 Reggie Miller。我不想說他們是悲劇英雄，因為他們的運動人生真是精彩極了。多少世人因他們的貢獻而留下無窮懷念的美好時光。但對他們個人來說，沒拿到冠軍是否真是永遠的遺憾呢？

　　王國維在《人間詞話》裡說人生有三境界，我想這幾位也都經歷過了。那對我們平凡人以及後人來說，又該怎麼看自己的勝負成敗呢？就讓筆者也試試用 JC SWOT 來看我們的一生吧，請看完結篇。

註

1. 大陸可上：http://v.ku6.com/show/iIM3bTEQH002ZBIsfPaygw...html。
2. Youtube 可上：https：//www.youtube.com/watch ？ v=m7m0nqKxsrQ。

Chapter 7

人生關口與
JC SWOT

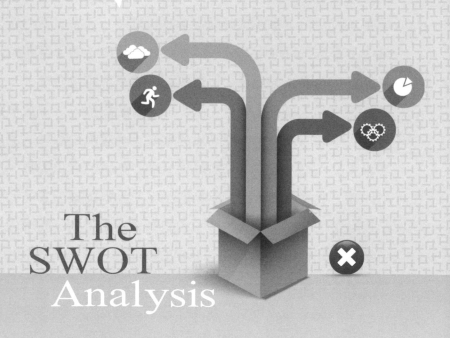

The
SWOT
Analysis

害死人的廣告詞

　　電視少看是有道理的，因為其中有很多害人的東西，而對父母與孩子的傷害最大者有此兩則廣告詞：「不要讓孩子輸在起跑點」、「孩子，我要你將來比我強！」

　　第一句「不要讓孩子輸在起跑點」，變成安親班、才藝班、補習班的最佳銷售話術，他們（以及這句廣告）刺激為人父母者要讓孩子從小就要樣樣學。學鋼琴可以培養氣質、學舞蹈可以鍛鍊身材（還是也可以培養氣質？）、學珠算可以不必按計算機（？）、學心算可以算得比別人快、學作文可以得高分……。看到沒，孩子的學習路如果只是為了培養氣質或是多一份愛好，那整個社會的未來將會多麼美好；但當學習路是從日後的求學考試競爭著眼，那學習的開始只是讓競爭觀念從小就深入到孩子的腦海去。小學階段開始學（應該說是補習的遮掩）心算、作文跟英文；國中就要補英數理化、高中繼續補理化英數，連申請大學都可以補，要補口試十要。這路還沒完。大學畢業前要補考研究所，而從小接觸這所有補習內容的孩子大概真是補有所成，要準備出國唸書了，再來補個完結篇吧：托福、GMAT 或其他。這一路補來的理由就是那句話：「不要讓孩子輸……」。

　　至於第二句「孩子，我要你將來比我強！」則讓家庭變成（從小就

開始）比誰強的競技場。孩子上小學是班上第幾名這件事會讓做父母的從何時開始關切呢？小一還是小六？還是問也不問隨便他（她）？要說讓做父母的一聲都不問，這應該很難吧？等到孩子進入國中開始想到要考高中了，那身為建中校友的父親會期望孩子去讀社區高中？北一校友的母親呢？孩子讀職校也欣然接納？我並不是貶抑讀職校的孩子們，我也不是批評建中、北一女的校友們，我只是陳述事實。我說我個人吧，我是師大附中校友，我真的希望過家裡出個小校友，但未能如願。我的感想呢？還真「小有」遺憾。（我都不敢寫有很大遺憾，不然有人會跟我翻臉的。）

這兩句廣告語當然不是小孩子想出來的，其出處想必還是大人的傑作。對創作者觀察這個社會深刻至此而想出流傳千古的文案當至為敬佩，因為他在創作的時候一定對「競爭」這件事頗有體會。

這「競爭」與我們的關係從小就開啟，此後與我們的一生形影不離。

 人生要比之處何其多

人生要比之處何其多。唸書考試、各種比賽、找工作、升遷還有升等要比不說，甚至連找對象都在比。

SWOT 與人生

筆者今年已經進入 55 歲門檻，在我大學唸書階段我就讀過 SWOT，想必我前幾屆的學長們也如是。SWOT 觀念的確容易理解，起碼優勢、劣勢一聽就懂，而多數人在理解企業的優劣勢這兩件事時，很容易會讓人自動聯想到個人的「優、缺點」，我也跟各位打賭，「你有什麼優缺點？」這句話在你們當初進入公司面試時一定被問過，因為這是全世界人力資源領域基本上會告訴企業主管的，在面試時一定要問的五大問題之一。曾經面試過新人的讀者們千萬不要說你們沒問過喔，因為當你們沒準備好就去面試求職者時你們為了表示自己很有權威之下，隨便一提讓面試者說說自己的優缺點時是多麼輕鬆啊，然後自己趕快看看他的履歷表惡補一下。

SWOT 觀念跟企業面對的競爭脫不了關係。而企業內部互相競爭這件事也會讓人想到「SWOT 與我」：例如，我在一家企業內部有何 S、

W、O、T！通常老闆跟主管也都會這樣告誡員工，多開發你的優勢、減少你的劣勢，所以上班多年後還是要去補英文。對非英語系國家的企業從業者來說，英文若是好，也一定會比其他同事有更多「機會」。

企業對外有競爭，但企業內的競爭也很嚇人的！老闆在表面上說大家要發揮團隊合作精神，但老闆心中每天都在觀察誰最能幹、誰更有潛力、以及誰最聽話。以致於當公司內部要擢升人員時，同事互相比較就是無法避免的，KPI 的導入使企業每天都要員工把目標做到且還要超標，因為到了年終就要考評了，績效好不好馬上就跟獎金跟新職掛鉤，所以競爭觀念怎麼可能不深入人心呢？一旦競爭意識進入員工的血液裡，他怎麼可能不把競爭觀念帶到他私領域去？再加上其他推波助瀾的因素，「競爭」就從小讓孩子躲不掉了。

《世界是平的》這本書讓全球家長都警覺到，他們自己處在競爭的環境已經不稀奇了，「別國家的孩子會來搶你孩子以後的飯碗」這件事早已發生，日後也只會加遽，所以怎能讓孩子輸在起跑點呢？

看今年（2014）足球世界杯冠軍爭奪賽賽事，比賽結果出爐在等待頒發獎盃的空檔時，畫面只要一拍到阿根廷隊球員，他們的表情是多麼的悽愴！即使梅西個人得獎，他接到獎牌時可有一絲笑容？我也在想，如果梅西的反應是開心、滿臉笑容去拿，再舉手跟現場以及攝影機揮手的話，會有多少人這時會說「運動的精神是在參與」這句話？

Sandra Bullock 獲得奧斯卡最佳女主角那部電影「攻其不備」（The Blind Side）其中一個場景就是父母看孩子比賽那投入的樣子，我想那是真實的，因為有比賽就有輸贏，不管是誰參加情況都一樣。而人生就是不斷的比賽。

 競爭意識的萌芽

雖然從小就開始比，但我們對對手的感覺卻有很大差異。轉折點就在求學與就業之間。

在唸書時，不論是小學到大學甚至讀研究所，雖然我們都會有考試、比成績，但同學之間畢竟少見「殺氣」。高中時看到同學有留級或是大學同學有人因 2/3 被退學，內心還是有點傷感的。就算在碩士班時，有同學無法兩年畢業也不會讓我們開心多少，因為總覺得他日後不會是我的職場敵人吧。我當年觀察政大企家班的同學，也不會感覺他們之間如同真實企業那樣要奪第一、要爭領導者地位的緊張互動，他們都有些年紀了但還是跟我們小朋友一樣很有同學感情的。我就在想，「同學關係」（不論是哪種同學）是不是總會把競爭因素淡化許多？而互相鼓勵學習雖然不很常見，但和職場同事間相比還是好太多了。因此，對於「競爭對手」這樣的敏感度想必跟我們進入職場後，在所處的環境下急遽發生變化才陡然而升有明顯相關。

 對手是誰？

下棋有對手，運動比賽有對手，考試有對手，找工作、比績效，到處都是對手。

如果喜歡下棋，輸贏不放在心上，純當休閒娛樂，這是嗜好。輸了也不會記恨。如果還想從中學習企業論戰的話，起碼下下圍棋可體會出幾件事：

■ 子子重要。（所以工作中的細節不能輕忽。）

- 要看全局。（所以企業佈局、資源分配、找到多方人才等都是重要的企業決策。）

- 取捨之間。下圍棋，有時要知道必死無疑，不必再妄想求生，再下下去只會死更多子；有時則必須犧牲小部分，才有機會挽回大局。（對 BCG 裡面的問題與流浪狗品項是否肯果斷停掉？）

- 圍棋是把對手全吃光是贏，但只贏一子也是贏。（企業不可能要求每個產品在每個通路都做到第一第二的！用嚴格的 KPI 去要求產品經理、KA 經理或任何人，這到底有何意義？）

小學生賽跑輸了很少見人哭，那為何 NBA 跟世足賽的亞軍隊伍如喪考妣？難道非拿冠軍才算得到肯定？還是因為亞軍見不得人？明年或下次再來不行？但輸了就過去了，比賽總有結束的時刻，沒有哪項運動是天天比賽的。且球員結束打球生涯，還有另一個人生會等著他們。更何況也不是每個人都是運動員，跟我們最相關的還是我們自己的求學、就業、婚姻與人生。

求學階段有無數的考試等著我們。考試也有對手，小範圍是同學之間，大範圍就可能是跟世界各地的菁英去爭取進入名校的名額。輸了是自己比不過人，贏了呢？也許人生就成功一半？但即使輸了你也很快忘掉，甚至多數情況是你根本不知道你的對手是誰，所以也記恨不了。

找工作有對手，進了公司有對手，且不論換到哪家企業都有對手。對手會跟著我們很長很長時間。同事之間相處雖說是團隊但也是競爭關係。勝敗之間就不會只是興趣與嗜好，而是誰有了私人辦公室、公司配車與股票選擇權。這時候對對手的感覺與輸贏的概念突然讓每個上班族發現出社會確實不一樣，很實際、很血淋淋，但絕對真實。且職場競爭

勝敗的結果有可能讓名校畢業生痛不欲生，也會給起步落後的學子一個證明自己的機會。

傳統 SWOT 或是 TOWS 分析因為不實際的坐井觀天以致不知外面今夕何夕！而筆者提的 JC SWOT 則點出競爭分析唯有找出明確對手方知該如何決定先後舉措。下棋有明確對手，也可得知對手習慣與棋路。運動比賽有明確對手，尤其是單打的球賽更像是 JC SWOT 的演練。但工作環境呢？也要把同事都視為「潛在對手」一個一個做 SWOT 分析？電影「華爾街」、「華爾街之狼」的劇情也許讓我們看到證券金融業的同事們確實在明爭暗鬥。那其他行業和企業呢？美國奇異公司前 CEO傑克‧威爾許在尋找接班人時剩下最後兩個人選，一旦決定後，沒中選那位很快就離開奇異。許多企業的空降部隊（多是中高管）為何上任沒多久就離職？其實，員工主動離職時不論口頭說什麼因素，最大也最重要的因素一定是「人」的問題。講什麼尋求休息一陣子啦、想換個環境鍛鍊自己啦、家人身體不好啦……等等這些原因的其實都還屬於人心宅厚的，他們要是都把真心話說出來那就是一齣齣「人前勤握手，人後下毒手」的真實劇情。

「信任」這件事

從小努力勤練才藝；讀一所好大學人生就成功一半；這些出發點都是基於一個假設：唯有培養「能力」才能立足，才比其他人更具「優勢」。大概我們都這麼認為。

《騎出成功（Horse Sense）》這本書的觀點跟大家就不一樣。其

作者認為，「名校」、「能力」這些只是讓你比較有多的選擇機會，以及讓你比較快有張門票。但進入大宅門之後呢？作者說，「關係」這件事可能勝過「能力」。因此書中建議讀者們，在公司裡找個「前輩」指引，以免盲目衝撞而不知哪裡做錯！他也舉了很多「離經叛道」的例子但作者卻強調說絕無此意讓大家仿效，譬如當老闆的女婿。

我個人非常喜歡讀中國歷史，對「春秋戰國」那段更是心儀。

管仲輔佐齊桓公而成就了齊國成為春秋五霸。孔子還誇管仲「微管仲，吾其被髮左衽矣」。管仲曾經做了什麼？為輔佐公子糾（桓公兄長）為君而射了桓公一箭啊！但桓公依然以管仲為相。

百里奚，受不了窮困而出仕，後果因此而逃出虢國卻為晉國所擄！販牛於楚國時，被秦穆公以五張羊皮贖回。穆公不因他老（當時百里奚已年近七十）、不因他身價才值五張羊皮而用他，從此秦國大治。

范雎本是魏國人，因被懷疑通齊賣魏，差點被魏國相國魏齊鞭笞致死！逃到秦國見秦昭王之後，提出遠交近攻的策略，遂被拜為客卿。之後，他又提醒昭王，秦國的王權太弱，日後必有隱患！昭王遂廢太后，並將四大貴族趕出函谷關外，拜范雎為相。

李斯原為楚人，後仕秦。時秦王政（後之秦始皇）下逐客令，李斯上『諫逐客書』，秦王政納之，授李斯為廷尉。始皇滅六國後被授為丞相。

伍子胥、韓信，拜將又被誅；諸葛孔明願意鞠躬盡瘁、王安石能變法蘇軾卻被流放，再加上和珅與乾隆。這些歷史片段都點出一個比「個人能力」還重要的一項個人優勢，那就是取得君王的信任。用當今語彙，就是要讓**老闆信任你**，方有揮灑空間。當然，吾也相信，無能力者何來

信任之說！但有能力者比比皆是，相比之下孰能勝出？真是能力最佳者嗎？趙高、秦檜取得秦二世跟南宋高宗的信任是憑其治國能力嗎？讀者可自行判斷。

 婚姻也躲不掉

婚姻大事也是要比的。

最近大陸電視台有許多電視交友、相親的節目，從年輕未婚的到中年尋找第二春的都有。問他們找未來結婚對象都有什麼要求條件時，女方參加者多說只要男方有正當職業、無不良嗜好、能體貼人、不大男人主義等就行。男方則說希望女方善解人意、溫柔體貼、願意照顧家庭愛孩子就好。我倒是覺得以前有一位女性參加者說得比較坦誠：「情願坐在寶馬裡面哭，也不願坐在自行車上笑。」

婚姻是人生大事，且是天大的事，說不會認真比較未來那一半應該可是很難取信於人的，不然為何做父母的所提問的就不一樣呢？父母會不會說希望孩子的對象不要比自己的孩子差？會問對方有沒有房？什麼學校畢業？身高多高？太矮的一定不行。有沒家族遺傳病史？結過婚沒有？還有，現在薪水多少？台灣讀者或許還有印象或是經驗吧，家長們通常都還會問：「是本省人還是外省人？」

所以囉，在考慮婚姻大事時，男女雙方是否也在做比較？一方面是跟潛在（有時也不是潛在了，就是當下，只是你知不知道罷了。）對手或是心中完美形象比，但另一方面卻是你的對象在跟你比！這時，你認為 JC SWOT 分析可否派上用場嗎？還是許多人其實早就已經在用而不自知而已！

03 永遠的人生優勢

　　人生從小就開始比，就被教導要培養專長日後才有機會。但人生那麼多關口、那麼多複雜劇情，該培養出什麼專長才能應付自如闖過這些關口呢？難道棋琴書畫不夠，還要加上鐵人三項跟五種以上證照？即使擁有這些，你確定真的足夠應付你的人生？

✓ 人生永遠不變也永遠持續的優勢

　　就以求學、婚姻與就業這三關為多數世人所面臨的共同關口來說吧，有沒有可能只要培養一項優勢就足堪應付？有沒有可能這項優勢即使不確定對手是誰也不確定日後有無新的對手出現，而依然讓你掌握機會？有的。我認為，這項優勢就是「**自信**」。

　　姑且假設進大學為人生第一關吧。現在許多國家都有大學申請制，台灣這幾年也開始實施，且占每年新生入學的比例日漸提高。申請大學要先準備書面資料，這關過了之後就是面試。書面資料當然包括個人過去的成績，這本來就大勢已定，所以能申請的校系已經把申請者做了一次篩選。但真正競爭的場面應該是通知你參加系上面試口試這關。

　　交男女朋友時第一次見面給對方的印象其實就是面試。以後持續交

往認識越來越深其實也就是不斷在進行面試。到了會見對方家長時，面試依然沒停。

應徵工作也跟申請大學差不多，總是先把履歷寄出後才會知道有無面試機會。面試可能不只一次，面試你的人也不只一位。只要被通知面試，就表示基本條件符合，至於能否順利拿到工作機會，一定是你跟眾多應徵者被多人評比後的結果，而勝出的關鍵還是在於面試表現。

人生有這三關，但這三關的成敗關鍵其實就是你面對陌生人的表現。你既然無法一一蒐集對手資料也無法了解面試者是誰、他們又如何評判你，所以最佳策略就是**展現你的自信**，因為這點是所有人都欣賞的，你只要把這點做到，你不必再擔心過去的學業成績、不必在乎你的相貌、也不必在乎你的對手，只因你對自己有「自信」。

自信就是認識自己

自信既非驕傲也不是認為自己無所不能，自信只是清楚地認識自己，知道自己能做什麼與不能做什麼；自信也不是個性內外向的固有特質，外向性格的人不見得很有自信，而內向性格的人卻在某些方面展現出他的自信。

有自信心的人一定勇於嘗試，樂於接受挑戰。有自信的人也會清楚知道不是做每一件事都會成功。但他會視挑戰過程為一種磨練，讓他可以學習更多；他也會把挑戰視為給自己一試的機會，不去嘗試怎會知道自己的極限在哪裡呢？

自信的人因為知道自己的能力在哪裡，所以對他所不知的事與物，

他一定不會不懂裝懂。他也知道：「聞道有先後，術業有專攻」的道理而會去欣賞別人的優點。「成敗不必在我」應該也是有自信的人同時具備的自我體悟，甚至能甘於做「配角」也是自信的展現。

✓ 自信的人願意扮演配角

知道自己的優缺點、知道自己的極限後，有自信的人就知道凡事不必在我，有時當個好配角也是一項優勢。甚至當配角的成就遠超過要爭第一的成就。

Michael Jordan 在 NBA 拿冠軍那幾年中，大家都知道 Jordan 的神奇，不知大家是否也看得到配角的功用。如果沒有 Dennis Rodman 願意拚命搶籃板，公牛隊不一定會有這麼輝煌的戰績。還記得 Derek Fisher 有一年在湖人隊對抗馬刺隊時有一場最後 0.4 秒那一投嗎？過了這麼多年，Fisher 也退役轉當教練了，但為何前兩年雷霆隊還要網羅他？因為在球隊裡他是穩定的配角。

眾多港星裡面，個人倒是很欣賞曾志偉。也不是說他演技多好，但我卻感覺曾志偉演了非常多的香港電影，拍了月餅廣告，然後這幾年也在大陸的電視節目常看到他，也有廠商找他拍廣告。他確實是一棵影視界的常青樹。跟他同時出道的、比他英俊帥氣的不知凡幾，但似乎曾志偉的演藝生涯要比他們長多了。甘於當二線演員、當配角、當丑角的心態應該是他自我體認後得出的自我認識。對他而言，樂於去拱月反而有比月亮有更多發光的機會。

因此，JC SWOT 出的建議就是圖表 7-1 所示：「**培養、擁有自信**」

做為人生唯一一項優勢足矣。

自己 命運	優 勢 Strength	劣 勢 Weakness	機 會 Opportunity	威 脅 Threat
威 脅 Threat	自信			
機 會 Opportunity				
劣 勢 Weakness				
優 勢 Strength				

圖表 7-1：人生的 JC SWOT

自信，就是誠實面對你自己，知之為知之。無論環境多麼混亂、變動多麼難以預測，要預留風險來臨時得以應變的餘裕。一旦機會或運氣來臨時，上吧朋友！風和日麗固然值得恭喜，雨橫風強亦坦然迎對。有優勢也許只是讓你接觸到更多更好的運氣與報酬率，但不保證一定會有好結果。有持久性的劣勢也不一定不會歪打正著享受麻雀變鳳凰的奇蹟，但是機會往往會很小、很小。

JC SWOT 的動態觀

　　既然面對產業競爭者要有動態觀點來運用 JC SWOT，反之，把 JC SWOT 的運用加以動態化也能在人生幾個關口，讓你把 S 發揮到極致並爭取最大的機會。延續前面，就舉大學入學與就業找工作這兩大人生轉折來看何謂 JC SWOT 的動態運用。

如何擠進理想大學？

　　台灣近年來的大學之門，除傳統的考試入學外，也不斷增加大學申請的名額，而國外大學也跨海來台招收優秀高中畢業生。運用 JC SWOT 的觀念，學子不妨參考筆者的思路來試試以「競爭觀」來選擇你想讀的學校與科系。

❶ 申請入學

　　首先在此要建議的是，不要放棄申請入學這第一道門檻。因為許多學校與系組都把申請名額節節拉高，相對的以考試選材的名額就減少許多。不申請就是把大學之門自動縮減。**機會要掌握。**

　　其次，思考一下「你想讀」跟「你能力所及可以讀」的學校等級。

因為跟你競爭的對手太多，如都要以明星學校與系組作申請選項，自己的實力可以讀哪裡是要先評估的，但這也可以反其道來思考。如果同學們心意已決，非試試心中前三志願不可的話，那就大膽去試，因為你的「自信」分數看來已達高標。JC SWOT 給的建議是：**把每一個學校系組看做是一組 SWOT 分析**，譬如政大企管與東吳企管。兩組的對手應該差異很大，自己實力如果剛好在這兩所學校選項中間，那以競爭角度來看，申請東吳企管應該成功率更高。把精力放在對東吳企管系的了解上、教授的專業上，那在準備資料與口試時一定有更多的優勢與機會。

第三，先不管你的整體高中成績。如果你想讀某個系組，請一定要準備那個系組所對應的高中學科（英數理化國文都可）成績是頂尖的，其他科目不夠突顯都可以用來說明你是有「獨特天分」（優勢）適合來唸這系。假設你想要申請建築系。成大建築如果偏重結構，那你的數學好，對將來學微積分會得心應手，就可以成大作為目標。可如果想讀建築系，數學又不怎樣，但美學、藝術上卻有天分，請考慮中原或淡江建築系。**申請學校是在小範圍學生中比較優劣勢的**，請牢記這點。

第四，可以猜想得到，高中畢業生畢竟還在自我摸索期，如果你能將自我特色不論是在書審資料或是口試這關讓閱審教授留下深刻印象，你就是做到「差異化」了。但請記得，這不是說你要找別人幫你做書審資料，因為一旦如此的話痕跡會太明顯，給人捉刀、作弊的負面聯想。自我特色不在書面資料的花俏而是回歸到永遠的標準──**內容**。唯有用心去做，才能將自我真實呈現，則不論是書面資料或是口試應答都能給人前後一致的感覺，那這才會是突顯自我的最佳方式。別忘記，要有自信。

第五，請**勇於呈現你的「弱勢」**，只要這弱勢不妨礙你讀這系組的

能力。每個人都有優缺點的，一個高中生更不會早早達到完美無暇的地步。適度呈現自己的弱勢，會讓教授認為你很了解自己，也就能明白你對自己的選擇是經過深思熟慮後的結果，而非盲目迷從。心態的成熟更有可能未來在學習上能接受挫折與發揮自己的優點。

② 考試入學

如果是考試入學，基本上就是比分數了，但在你選填志願時也可應用 SWOT 觀念。除了考上與否是比分數外，進了學校之後就是比學習能力。雖然大家都說選系不選校，但高中所學的跟大學所學的還是兩個世界，讓高中畢業生能清楚了解自己、設定未來，進而選一個真正適才適所的系組還是高難度的。如果不是堅持非讀某幾個系組的話，那就試試雖非首選但也可接受的系組，這樣成功機率就會提高，還有一個日後極重要的因素是學子現階段還沒想通的事：「雞首」與「牛後」。後面馬上就會提到。

③ 讀好學校的「威脅」與「劣勢」

不論申請或考試入學，學子可能都想去讀心目中的好學校，所以明星大學與系組就這麼產生，進去之難可以想見。但學子們也要同時想清楚一件事，進好學校的威脅是很大的，你的相對劣勢會因此更加突顯，而這會有實質與心理上的負面效應。

讀者們對這句話一定有深刻體會：每個班上都有第一名與最後一名。如果你很優秀，非台清交不唸！而最後你也進去了，可我不敢說恭喜你／妳。你的成績這時是跟頂尖同學相比，而你有 50% 的機會落在班上的平均值之後，你能坦然接受這個事實嗎？你的心理打擊可能是你

在高中以前從沒遇過的，這種優秀菁英的挫折你真的不在意？因為這種挫折會影響心理面，產生失落感，學習效果也會打折扣。只因為你的同學們這時都是頂尖份子，你過去的優勢一比之下就不那麼優了，面對環伺在旁的威脅，這時做好心理調適都是你的額外負擔，那些班上排名前 10% 的同學可不必花這種時間與精力來看心理醫師，他們會越學越好，你們之間的距離就越拉越大。如果你日後要讀研究所（有些企業在錄取新鮮人時也會要看大學成績單的），大學成績是很重要的關鍵，成績單雖然是 Top3 或是 Top10 的名校出來的，但成績卻不是全 A。反而 Top20 的其他學校畢業生可拿出全 A 的成績，這就是威脅。所以，「**雞首」與「牛後」的選擇**就是相對競爭，這觀念其實在許多層面都獲得了印證。

有研究指出，哈佛大學博士班的畢業生雖然發表論文的比例是非常高的，但其中不是每個人都有相同的發表成績，因為被比下去了，而心中的挫折感會影響學習與成就動機的。反觀排名很後面的學校，雖然整體論文發表率不敵哈佛，但其中幾位的成績卻是呱呱叫，完全不輸哈佛的優秀博士生。回頭來看企業界，這樣的例子就更是不可勝數了。讀明星大學、明星科系，在進企業窄門時會有比較多的優勢與機會，但日後工作成就卻不見得有相對應的表現。畢竟念書跟做事是兩回事，每個人的際遇與天份在那麼多的工作領域裡是完全無法以在學成績來延伸預測的。擠進名校可能的不良反應就是挫折感加深，而對很多優秀學生來說這是史無前例的，能否調整適應可是一大問題。要知道，在快樂中學習指的不是名校光環給你的快樂，那是短暫、空虛的；唯有快樂的結果產生，日後才覺得真快樂，學習效果才會更好。學子們對此不可不慎。

✓ 如何爭取理想工作？

❶ 給社會新鮮人的建議

離開學校的社會新鮮人在找真正的全職工作時，該給他什麼建議呢？

第一，善用「光環效應」。本書前章提到光環效應的問題以及人們因為有光環效應而誤解許多事。但在此我反而要建議剛畢業的社會新鮮人，你們在找工作時一定要知道把履歷表給投遞出去時是否會有光環效應去迷惑你想進的企業。有好學校做背書，則千萬不要謙虛。有知名教授或人士的推薦信或是推薦語，則務必放大多倍，一定要讓人事部門及選才部門主管看到不可。成績不好沒關係，找出三大理由證明你把時間都花在其他更有意義的事情上。什麼優點都沒有也沒關係，就說對自己充滿信心，能迎接一切挑戰。而所有這一切，如有面試機會一定要在家演練多次，讓自己能自信地表達出來，同時搭配合宜的服裝或是化妝，讓自己成為準企業人，這就是把光環效應發揮到極致了。另外強調一點：把自己的姓名想個永難忘懷的介紹，這是我們這社會最欠缺的訓練，你一定要在這點上突顯自己的創意把對手比下去。

其次，一定要準備對方問你有何優缺點的答案。因為這是必問的。記住，千萬不要是類似這樣的回答：「我的缺點就是優點太多」！把自己的優缺點各找出三樣，只不過優點一聽就是真正的優點；缺點呢？就是把大家都會犯的毛病當成你的缺點。請記得，先用 15 秒說出有哪三個缺點，再準備 3 分鐘詳述自己的優點，就能把那 15 秒給淹沒，讓人完全記不住你說了哪些缺點。

除了講述自己的優點外，請同時證明有何事實讓對方相信你所說的。把自己的小小生平做個動人的故事敘說，點出一個感受最深的經歷，千萬不要如流水帳似地報出哪一年做了哪些事，這就辜負了你的面試機會了。最重要的，展現你的自信，這點勝於一切。

❷ 轉戰職場

有了正式的工作經驗再去轉換跑道時，先前所說的建議事項一樣都不可少，還要更加磨練要如何應答。光環效應依然有用；優缺點也同樣會被問到。多出來的問題就類似「說說你先前工作的收穫、心得、有何成就」等等。把面試時間多放在對你先前工作的收穫上，詳細描述學到什麼，你的感受與心得為何，同時這樣的工作經驗對你下一份工作是否有加分作用，讓對方相信你就像海綿一樣，有極強的吸收與學習能力。

找工作一定是和其他候選人競爭，所以要對應徵的工作做沙盤推演，如這家企業的背景、它所處的產業環境與競爭環境、這份工作的需求，甚至打聽老闆（或主管）的風格等都對你的準備有積極作用。

當你已經不再是新鮮人時，你過往的工作經驗一定要展現出你學到什麼跟你曾經在前份工作上貢獻出什麼。學習是很多人都會說也都的確做得到的，但貢獻就不見得人人都做得到。較高職位所需要的人才考量的是看重你做過哪些貢獻，而不會看你還有多少學習空間。

在強調自己的專業能力越發成熟時（優勢），別忘了強調自己的人際能力。企業是打團隊戰，部門之間的協調極為重要，讓你的面試官看出你是合群的一份子而非單打獨鬥的好手而已，這樣才更能突顯企業所看重的優勢又增加自己成功的機會。

05 人生有境界

　　王國維在《人間詞話》中說人生有三境界。這三境界本身不容易去一一解釋，其實根本就不必解釋，因為每人的體會是不一樣的。但「**境界**」這兩字筆者卻極為推崇。

　　人生本來就是不斷的嘗試，誰也不知試的結果會是如何！但不去試豈非永遠沒機會？

　　我研究所剛畢業那年班上還經常辦同學會。因為我畢業後去當兵兩年，等我就業時一些同學早比我有工作經驗與體驗了。那時的話題大概就是三個：有沒有買股票、對老闆感覺如何，還有，想不想出來自己「**創業**」。尤其創業這話題一直是幾位同學很熱中的。但參加幾次後，總發覺他們光說不練，問他們打算出來自己試試嗎？多半回答是沒技術、沒資金。那為何老提創業呢？因為不甘心當幕僚、看不起公司一些尸位素餐的主管、也認為我（他）不輸那個老闆啊！但就是沒行動。

　　這就有個有趣的對比了。一位一直在說想創業的同學從換到第二家企業（第一家待兩年不到吧）後就一直沒離開過。如今她在公司裡面早就是高階主管，公司上市了，也陸續有了公司股票，車子也換賓士車。另一位很早就去嘗試創業，也在創業與就業間往返多次，因為他認為人生就該去嘗試，不要到老還埋怨自己怎麼連試都沒去試？心裡還老是說

一句「要是當初創業的話不知會怎樣？」但這位勇於嘗試的同學如今依然沒房、沒車，臨中年了還貧病交迫。這該怎麼說呢？沒有答案。

勇於嘗試的人想必對自己很有自信，不然也不會大膽去做。他也許更相信那句西方名句：「**那美好的一仗我已打過！**」。至於勝敗？交給命運吧。當機會來臨時不要錯過，當時不我與的時候，則要以同樣的心態勇於接受。「此中有真意，欲辯已忘言。」可能是最好的回答。

面對人生，無法保證每次都贏，也不一定能抓住每個機會、能躲掉每一次的艱難險阻，唯有掌握自己最有把握的，也許才是人生最佳策略。

問問你自己吧？你擁有什麼？你熱愛什麼？什麼事你不一定愛，但卻做得人人說好棒？你的人生關鍵任務有哪些？是找一個生命中的貴人，還是看看這本能啟迪您未來的書吧！

出書，是最直接有效的品牌保證

建立專業形象‧宣傳個人理念‧擴大企業品牌影響力

創見文化提供您**客製化自費出版**服務，創造專屬亮點！

你知道有出書的人和沒有出書的人差別在哪裡嗎？

1. 是你在市場上專家及區隔的證明；
2. 作為你與人接觸的最佳名片；
3. 是你前進任何市場的前線部隊、不眠不休的業務員；
4. 出書者將擁有對對手不公平的競爭優勢，創出名人效應。

對於企業來說，一本宣傳企業理念、記述企業成長經歷的書，是一種長期廣告，比花錢打一個整版報紙或雜誌廣告的效果要好得多，更能贏得更多客戶的認同和信任。**客製化自費出版，能讓讀者成為你的通路，書本成為你的業務員，倍增業績！**

● 業務部門

創見文化是台灣具品牌度的專業出版社，以商管、財經、職場等為主要出版領域，深受讀者歡迎與業界肯定！我們擁有專業的編輯、出版、經銷等專業人才，

● 倉儲物流部　提供你**一條龍式的全方位自費出版服務**，為您嚴格把關書籍品質，提供市場能見度。有關出版的大小事，請通通交給我們！

● 圖書閱覽室

只要你有專業、有經驗撇步、有行業秘辛、有人生故事……，不論是建立專業形象、宣傳個人理念、企業品牌行銷……

——出書，請找創見文化，我們有——

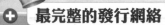

最專業的出版團隊 ✚ **最實惠的代製價格** ✚ **最完整的發行網絡**

想了解自資出版的更多細節與優惠方案嗎？

☎ 02-22487896 分機 302 蔡小姐　✉ mail：iris@mail.book4u.com.tw

國家圖書館出版品預行編目資料

那些年一直錯用的SWOT分析／朱成 著. --
初版. -- 新北市：創見文化，2015.02 面；公
分 (成功良品；79)
ISBN 978-986-271-578-9 (平裝)

1.企業管理　　2.策略規劃

494.1　　　　　　　　　　　103027517

成功良品 79

那些年一直錯用的SWOT分析

創見文化 · 智慧的銳眼

本書採減碳印製流程
並使用優質中性紙
（Acid & Alkali Free）
最符環保需求。

作者／朱成
總編輯／歐綾纖
文字編輯／蔡靜怡　　　　　　　　　美術編輯／蔡億盈

郵撥帳號／50017206 采舍國際有限公司（郵撥購買，請另付一成郵資）
台灣出版中心／新北市中和區中山路2段366巷10號10樓
電話／（02）2248-7896　　　　　　　傳真／（02）2248-7758
ISBN／978-986-271-578-9
出版日期／2015年02月

全球華文市場總代理／采舍國際有限公司
地址／新北市中和區中山路2段366巷10號3樓
電話／（02）8245-8786　　　　　　　傳真／（02）8245-8718

全系列書系特約展示
新絲路網路書店
地址／新北市中和區中山路2段366巷10號10樓
電話／（02）8245-9896
網址／www.silkbook.com

創見文化 **facebook** https://www.facebook.com/successbooks

本書於兩岸之行銷（營銷）活動悉由采舍國際公司圖書行銷部規畫執行。